国家级一流本科专业建设成果教材

北京高等学校优质本科课程教材

高等学校实验教学示范中心系列教材

电路分析基础实验
与实践教程

第二版

冯涛　李擎　主编

U0194459

化学工业出版社

·北京·

内 容 简 介

本教材包括实验概述、准备知识、实验内容三大部分。实验概述包括实验教学目的、实验教学流程和实验室安全事项。实验准备知识中详细介绍了电阻、电容、电感、二极管四种基本电子元器件的识别、选型和工程应用，为读者进行综合电路设计打下基础。实验内容共包含 16 个实验项目，并在实验项目间加入与电子信息和电气工程行业发展相关的思政案例。

本书可以作为高等院校自动化、电子信息、人工智能、电气工程及其自动化等相关专业的实验教材，也可作为有关工程技术人员的参考书使用。

图书在版编目（CIP）数据

电路分析基础实验与实践教程/冯涛，李擎主编. —2
版. —北京：化学工业出版社，2024.7
ISBN 978-7-122-45618-2

Ⅰ.①电… Ⅱ.①冯… ②李… Ⅲ.①电路分析-教材
Ⅳ.①TM133

中国国家版本馆 CIP 数据核字（2024）第 094367 号

责任编辑：杨 琪 韩庆利　　　装帧设计：韩 飞
责任校对：刘 一

出版发行：化学工业出版社
　　　　　（北京市东城区青年湖南街 13 号　邮政编码 100011）
印　　装：大厂聚鑫印刷有限责任公司
787mm×1092mm　1/16　印张 10¼　字数 216 千字
2024 年 10 月北京第 2 版第 1 次印刷

购书咨询：010-64518888　　　　售后服务：010-64518899
网　　址：http://www.cip.com.cn
凡购买本书，如有缺损质量问题，本社销售中心负责调换。

定　　价：32.00 元　　　　　　　版权所有　违者必究

前言

电路分析基础实验是高等院校自动化、电子信息、电气工程及其自动化等专业重要的基础类必修课程，是电路分析基础课程的重要实验实践环节，其教学目标是通过实验帮助学生正确理解和巩固理论课程所学基本内容，使他们掌握基本电子元器件的识别、选型与应用知识，学会常用测试仪器的操作和使用，并能借助实验室平台进行基本电路设计。通过该课程的学习，可以使学生初步建立工程化设计思维，为培养解决复杂工程问题的能力打下坚实基础。北京科技大学的"电路实验技术"课程于 2022 年被评为"北京高等学校优质本科课程"，本书基于该课程的授课内容编撰而成。

为了提高学生的工程实践能力，本书详细介绍了电阻、电容、电感、二极管等基本电子元器件的工程应用知识，同时对数字万用表、数字示波器、信号发生器这三种基本电子仪器的使用方法进行了详细介绍。在此基础上，本书共编排 16 个实验项目，其中包含验证型实验项目 5 项，研究型实验项目 10 项，综合设计型实验项目 1 项。

本书的编写充分践行了工程教育专业认证和新工科建设的教育理念，具有如下三个特点：

1. "两性一度"金课建设标准全面体现。除了基本的验证型实验外，教材还有 10 个研究型实验项目，如一阶电路过渡过程的研究、RLC 串联电路谐振现象的研究等，体现出实验的高阶性和创新性，并在最后编写万用表设计、安装及使用这一综合性实验，体现出课程的挑战度。

2. 工程化设计思维贯穿其中。为了让信息类专业学生对实际电路系统产生直观、感性的认识，教材中着重介绍了电阻、电容、电感、二极管这些基本电子元器件的选型、识别和工程应用，介绍在电子产品设计过程中对元器件体积、功耗、成本等方面的实际考虑和利弊取舍，让学生具备初步的工程化设计思维。

3. 课程思政案例适时融入。本教材在实验项目间加入与电子信息和电气工程行业发展相关的人物或事件案例，让学生知晓信息类与电气类行业前沿技术的同时，了解我国产业发展经历的曲折和取得的成就，以培养学生精益求精的大国工匠精神，激发学生科技报国的家国情怀和使命担当，强化学生工程伦理教育。

本书由冯涛、李擎主编，贾宝楠副主编，林颖、袁莉参编。其中第一、二章由冯涛和李擎编写，第三章实验内容实验一至七由冯涛编写，实验八至十二、十六由李擎编写，实验十三至十五由贾宝楠和林颖编写，冯涛、袁莉还编写了本书的思政案例部分。本书的编写得到了北京科技大学教材建设经费资助，以及北京科技大学教务处的支持，在此表示衷心感谢。

由于编者水平有限，书中难免存在疏漏和不足之处，恳请同行老师和读者朋友批评指正，欢迎提出宝贵意见，具体联系方式是：fengtao@ies.ustb.edu.cn。

编 者

目 录

第一章

实验概述

第一节 | 实验教学目的

电路实验是与电路分析基础课程相配套的重要实践环节，是培养学生实验技能及分析问题、解决问题能力不可或缺的手段，其教学目的包括：

1. 了解基本电子元器件和测量仪器的工作原理和使用方法

通过学习电路实验课程，了解并掌握电阻、电容、电感、二极管等基本电子元器件的选型和工程应用，学会使用万用表、电流表、电压表、功率表及常用的电路实验仪表，掌握实验中用到的信号发生器、示波器、稳压电源等实验仪器的使用方法。

2. 掌握电路分析基础课程重要理论的实验验证方法

学生需要根据实验要求选择合适的实验设备及元器件，正确连线、合理布局、准确测试、认真观察，科学分析实验结果，运用恰当的实验手段来验证电路分析重要定律和定理。此外，还要能应用这些定律和定理，对实际电路系统进行抽象建模，能对实验电路现象进行分析、解释并进行故障排除。

3. 掌握生产生活常用电路的工程化设计方法

学生要能根据实验任务要求，确定实验方案，设计实验电路，并能考虑相关的工程化因素，正确选择仪器、仪表、元器件，在此基础上，独立完成电路搭建和调试，对电路性能进行测试和评估，进而提出改进方案，实现电子产品原型设计的完整流程。

4. 了解信息类行业的发展背景及前沿技术

向学生介绍我国的自主设计的中国电子"PK体系"、5G网络、数字中国建设、中国龙芯研发等信息产业发展前沿，让他们了解专业知识对国家和社会经济发展起到的重要作用，从而了解专业学习背景，明确专业学习目的，增加专业学习兴趣，增强学好专业课的决心和信心，为后续专业课的学习打下坚实的认知基础。

5. 培养学生精益求精的工匠精神和科技报国的家国情怀

向学生介绍程开甲、郝跃、柯晓宾、刘永坦等人的先进事迹，让他们了解我国电子信息和电气工程行业发展经历的曲折和面对的困境，以及我国科研人员为了实现技术突破而付出的心血与努力。

第二节 | 实验教学流程

实验课一般分为课前预习、实验操作及课后撰写并提交实验报告三个阶段。要想成功上好一堂实验课，三个阶段缺一不可。

一、课前预习

每次实验的时间和内容是有规定的。实验能否顺利进行和达到预期效果，并能否在规定的时间内将实验做完，很大程度上取决于实验前的预习准备是否充分。因此，实验前要求仔细阅读实验指导书，复习相关理论知识，明确每次实验的目的和任务，了解实验的原理和方法，进行必要的数据计算，清楚实验中哪些现象要观察，哪些数据要记录以及哪些事项应注意。基本做到目的明、任务明、原理明、做法明。

对于综合设计型实验，需在预习时确定合理的实验方案、设计电路图、拟定实验操作步骤和所需的测量仪器。

课前需要完成预习报告，完成之后方可进入实验室。

二、实验操作

良好的实验方法与操作程序，是保证实验工作顺利进行和安全完成的先决条件。因此，实验课上，要认真听实验指导教师的讲解，此外，还应注意下列几点：

1. 仪器设备的检查

每次实验开始时，应首先检查仪器设备的类型是否齐全，量程、规格是否适用，仪表是否指零。应了解仪器设备的性能、使用方法和注意事项。

2. 连接电路

接线前首先应将实验台上的仪器和设备布置得便于操作和读取数据，然后再进行接线。必须做到：一选设备二布局，三连线路四调整。

（1）选择设备。设备容量、参数要恰当，工作电压、电流不能超过额定值，仪表种类、量程、准确度等级要合适，使用要合理，并尽可能做到测量仪表对被测电路工作状态的影响最小。

（2）合理布局。实验仪器设备布置原则是：安全、方便、整齐，防止互相影响。

（3）连接线路要注意的问题。

① 要想接好一个电路，首先应分析电路结构特点，不同电路采取不同的接线方法，一般是先串后并（先主后辅）或先分后合。先串后并，即先把串联回路接好，再接并联支路。先分后合，即先把一个一个支路接好，然后再把它们连接起来。

② 走线要合理。为便于检查和减少误差，导线的使用量和节点数越少越好，注意导线不要从仪表上跨过，尽量避免在一个接线柱上有三个以上的接头（容易脱落和接触不良）。为了保护仪表，仪表接头一般只允许接一根导线，接线柱松紧要适当，不允许在线路中出现没固定端钮的裸露接头。

要养成良好的接线习惯。一般电源都有隔离开关，仪器设备有极性，因而接线最好是从电源的一极开始，循着主回路到电源另一极，然后再接并联支路。避免从电路中某一点开始接线。电路接好后，要按线路图进行检查。

（4）调整。线路接好后，某些实验需要调整电路参数和启动位置。电路参数要调到实验规定的数值，分压器、自耦变压器的起始位置要放在最安全位置，仪表指针应为零位处（当输入为零时），如不在零位处要进行调零。

以上工作完成后，经指导教师检查无误后方可接通电源做实验。

3. 正确操作、观察、读数和记录

（1）实验时要做到：手合电源，眼观全局，先看现象，再测数据。

（2）记录要完整、清晰、合理，注意有效数字，读数时姿势要正确，数据要记录在原始数据记录表格内，实验所得数据不准随意涂改。

（3）当需要把读数绘成曲线时，应以足够描绘一条光滑且完整的曲线为准，来确定所要测量数据的数量。读取数据后，可先把曲线粗略地描绘一下，发现不足之处，应及时弥补。

4. 结束工作

完成全部规定的实验内容后，先不要拆除线路。应先自行核查实验数据有无遗漏或不合理的情况，再经教师复查签字后，方可进行下列收尾工作：

（1）拆除实验线路（注意：一定先断电，再拆线）。

（2）做好仪器设备、桌面、环境清洁的管理工作。

（3）经教师同意后方可离开教室。

做完实验后应及时将实验数据进行整理，一般情况下，可以直接对实验记录的数据进行计算，得出结果。

三、实验报告

撰写实验报告是对实验工作的全面总结，是实验课的重要环节。其目的是培养学生严谨的科学态度，学会用简明的形式将实验结果表达出来。实验报告一律用专用实验报告纸来写，报告要求文理通顺、简明扼要、字迹端正、图表清晰、结论正确、分析合理、讨论深入。

第三节 实验室安全事项

一、实验室规则

（1）注意安全，遵守安全操作规程。

（2）严肃认真，遵守实验室规则，遵守纪律。

（3）爱护实验室财产，正确使用仪器设备。

（4）保持整洁，实验完毕进行清理。

二、安全操作规程

要求切实遵守实验室各项安全操作规程，以确保实验过程中的安全，具体包括：

（1）在指定的桌位上进行实验，不得任意走动和说笑。

（2）实验前应搞清楚所用仪器设备的使用方法，除本次实验仪器设备外，不得擅自动用其他仪器设备。

（3）了解实验台的配电情况，不得触及带电部分，遵守"先接线后通电源，先断电源后拆线"的操作程序。

（4）接线后经指导教师检查允许，方能通电。

（5）实验结束，将记录的数据经指导教师检查符合要求后，进行拆线、整理。

（6）实验中出现异常现象应立即切断电源，报告指导教师，一同分析查找原因。

（7）发生仪器设备事故应立即断开电源，并保护现场，如实报告。

第二章

准备知识

第一节 基本电子元器件认知与应用

一、电阻

电阻是电路系统中最常用的元器件，其作用包括分压、限流、作为电路负载等，其电路图图形符号如图 2.1.1 所示，左图是国家标准，右图是国外电路图中常使用的符号。

图 2.1.1　电阻的图形符号

（一）电阻封装

与电路图中电阻的符号不同，实际电阻的大小、外形多种多样，元器件的实际外形被称为"封装"，每种封装都有相应的封装名。对于电阻，主要有直插式和贴片式两种封装。

1. 直插式电阻

最普通的直插式电阻是图 2.1.2 中的色环电阻。

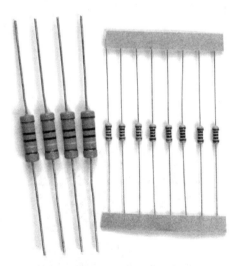

图 2.1.2　色环电阻

它有两根金属引脚，焊接时需要将引脚穿过电路板，因此将这种封装称为"直插式"封装。直插式电阻上面印有色环，用不同的颜色代表其阻值和误差精度。最常见的是 4 环电阻和 5 环电阻，精密电阻常采用 6 环。色环每个颜色代表的含义如表 2.1.1 所示：

表 2.1.1　色环电阻颜色含义

颜色	有效数字	倍乘数	允许误差
黑	0	10^0	
棕	1	10^1	$\pm 1\%$
红	2	10^2	$\pm 2\%$
橙	3	10^3	
黄	4	10^4	
绿	5	10^5	$\pm 0.5\%$
蓝	6	10^6	$\pm 0.2\%$
紫	7	10^7	$\pm 0.1\%$
灰	8	10^8	
白	9	10^9	
金			$\pm 5\%$
银			$\pm 10\%$

比如某 5 环电阻，颜色分别为棕、黑、黑、黑、棕，前三环为棕、黑、黑，分别代表有效数字 1、0、0，第四环为黑，代表倍乘数为 10^0，即 $100 \times 10^0 = 100$，第 5 环为棕，代表允许误差为 $\pm 1\%$。因此该电阻标称值为 100Ω，误差为 $\pm 1\%$。

识别色环电阻时，最难的是如何将误差色环与其他色环区分开来。4 环电阻的误差色环通常为金色和银色，5 环电阻的误差色环通常为棕色、蓝色和绿色。误差色环通常远离其他色环。一般色环电阻的阻值不会超过 $22M\Omega$，如果读出的阻值大于 $22M\Omega$，则说明色环读反或读错。

色环电阻体积大，并且焊接时会同时占用电路板上下两层的空间，因此占用电路板空间较大，现在已经很少用在集成度较高的电子产品中了，比如在手机中就不会见到这种电阻。

2. 贴片式电阻

在现代集成度较高的电子产品（如电视机、手机、相机等）中，大量使用的是贴片式电阻，如图 2.1.3 所示。

图 2.1.3　常见的贴片式电阻

贴片式电阻最大的特点是没有像直插式电阻那样的引脚，而是直接焊接在电路板表面，不需要穿过电路板，这样就只占用电路板的一层，并且其体积可以做得很小，因此在电子产品中应用广泛。根据体积大小,贴片式电阻也有多种封装形式。贴片式电阻的封装是根据其长宽来命名的,比如封装0603,含义是长为60mil(1mil=0.025mm,60mil即1.5mm),宽为30mil(0.7mm),大小跟一颗芝麻粒差不多,更小的有封装0402、0201,在如手机这样的高密度电路板中应用非常多。更大的有封装0805、1206、1210、2010等,如图2.1.4所示。我们平常做电路设计时,0805和0603封装的贴片式电阻用得比较多,0402和0201太小,无法手工焊接。

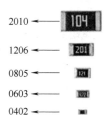

图2.1.4 贴片式电阻常用封装

贴片式电阻表面印有数字和字母,代表了其电阻值的大小。其电阻值有两种表示方法,第一种是数字表示法,如图2.1.5中的电阻104,"104"的最后一个数字4,代表十的4次方,即其电阻值为$10 \times 10^4 = 100000$,单位是Ω,也就是100000Ω($100k\Omega$)。同样的"5112"代表$511 \times 10^2 = 51100\Omega$,即$51.1k\Omega$。

图2.1.5 贴片式电阻上的数字标识

第二种方法是数字+字母表示法,比如"01D"代表100k,"69B"代表$51.1k\Omega$,此方法在使用时需要查表。

(二)电阻标称值

为了降低成本,不是任意电阻值的电阻都会被生产,而是只生产一定系列阻值的电阻,这个系列称为标称值。常用的有E24和E96两个标称值系列,E24系列的电阻精度为±5%,E96系列的电阻精度为±1%。E24系列包含24个数值,如下:1.0、1.1、1.2、1.3、1.5、1.6、1.8、2.0、2.2、2.4、2.7、3.0、3.3、3.6、3.9、4.3、4.7、5.1、5.6、6.2、6.8、7.5、8.2、9.1。比如,可以买到4.7Ω、47Ω、470Ω、$4.7k\Omega$、$47k\Omega$、$470k\Omega$的电阻,但是买不到5Ω、50Ω、500Ω、$5k\Omega$的电阻。如果需要$5k\Omega$电阻,那么只能用两个$10k\Omega$电阻并联。E96系列总共有96个数值,除了包含E24系列的所有数值之外,还进行了更细的划分。这些标称值实际上是等比数列,比如对于E24系列,相邻标称值之间的比值为$\sqrt[24]{10} = 1.1$,对于E96系列,相邻标称值之间的比值为$\sqrt[96]{10} = 1.02$。

（三）额定功率

在设计单片机等一般的嵌入式系统电路时，电阻在电路中承受的功率很小，不需要特别考虑其额定功率，使用普通的 0603、0805 封装的电阻就可以了。但是，在电流较大的场合，就需要考虑电阻的额定功率了。电阻的额定工作功率一般选为其正常工作功率的 1.5～2 倍。电阻的额定功率与其体积直接相关，表 2.1.2 列出了常见贴片式电阻的封装与其额定功率的对应关系。

表 2.1.2　常见贴片式电阻的封装与其额定功率的对应关系

封装	额定功率/W
0201	1/20
0402	1/16
0603	1/10
0805	1/8
1206	1/4
1210	1/3
1812	1/2
2010	3/4
2512	1

如果要使用比表 2.1.2 中更大功率的电阻，就要选用专用的功率电阻了。功率电阻一般都是直插封装，常用的有线绕电阻和水泥电阻两种，如图 2.1.6 所示。图中圆柱形的是线绕电阻，方形的是水泥电阻。两个电阻标明的功率都是 5W，水泥电阻的标称电阻为 5Ω，线绕电阻的电阻标为 "R1"，意思是 0.1Ω，最后的字母 J 代表精度是 ±5％。

图 2.1.6　功率电阻大小对比

（四）排阻

排阻是一种特殊的电阻，它实际上是将多支电阻封装在一起，用以简化电路设计。排阻也有直插式和贴片式两种封装。直插式排阻的电路图符号和实际外形如图 2.1.7 所示。图中的排阻中集成了 8 支电阻，每个电阻的一个引脚连到一个公共引脚上引出，另外的一个引脚单独引出，因此总共引出了 9 个引脚。

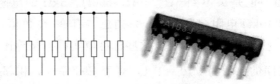

图 2.1.7　直插封装的排阻

贴片排阻如图 2.1.8 所示，贴片排阻没有公共引脚，各个电阻都是独立的。

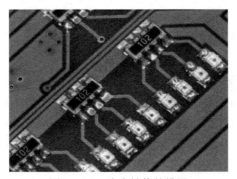

图 2.1.8　贴片封装的排阻

（五）电位器

上面介绍的电阻都是固定式的，阻值不可变，除此之外还有滑动变阻器，阻值是可变的。行业内一般将滑动变阻器称为"电位器"，一般用它对固定电压进行分压，通过改变触点位置来改变分压大小。图 2.1.9 是电位器的符号、应用电路图，以及常见电位器的外形。

图 2.1.9　电位器符号、应用电路图及常见外形

电位器也用在游戏手柄中，如图 2.1.10 所示。方向手柄由两个电位器组成，这两个电位器安装时互成 90°，对同一个固定电压进行分压，通过测量分压值可以知道目前方向手柄在 XY 方向的角度，从而控制游戏角色的动作。

图 2.1.10　游戏手柄中的电位器

二、电容

除了电阻之外，电容也是电路设计中最常用的元件。电容的基本结构由绝缘材料隔开的两个导电极板组成，导电极板上可以存储正负电荷。电容的单位是法拉（F），但是跟电阻的单位 Ω 不一样，法拉是个很大的单位，容量为 1F 的电容称为"超级电容"，容量非常大。一般使用的电容都是以 μF（$1\mu F = 10^{-6}F$）为单位，几百微法的电容已经算容量比较大的了。在单片机电路中，一般使用的是 $0.1\mu F$ 的电容或者更小的。几十微法和上百微法的电容一般使用在电源电路中进行滤波。常见电容的外形如图 2.1.11 所示。下面对这些电容进行介绍。

图 2.1.11　常见电容外形及大小对比

（一）瓷介电容

电容的绝缘介质材料有很多种，最常用的材料是陶瓷，使用陶瓷做绝缘介质的电容称"瓷介电容"或者"陶瓷电容"。瓷介电容容量一般都是 $10\mu F$ 以下。瓷介电容有直插和贴片两种封装形式，贴片封装用得更多一些，它们也有 0402、0603、0805、1206、1210 等封装。常用的瓷介电容的外形如图 2.1.12 所示。

直插瓷介电容表面会印有容量值，但是贴片瓷介电容的表面不印出其容量值，这与贴片电阻不一样。因此，贴片瓷介电容一旦焊到电路板上，就无法从表面得知它的容量，只能将其拆下来使用万用表的电容挡测量才可得知。

瓷介电容的电路图图形符号如图 2.1.13 所示，它们在使用时引脚不分正负。

（二）电解电容

因为瓷介电容的容量很难做大，如果要使用 $10\mu F$ 以上容量的电容，就要使用电解

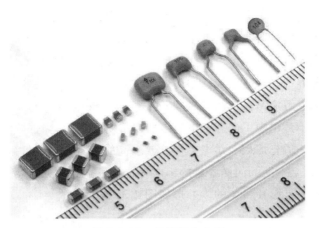

图 2.1.12　常见瓷介电容

图 2.1.13　瓷介电容图形符号

电容。电解电容分为铝电解电容和钽电解电容两种。铝电解电容最常用、价格最便宜，有直插和贴片两种封装，如图 2.1.14、图 2.1.15 所示。

图 2.1.14　直插铝电解电容

图 2.1.15　贴片铝电解电容

铝电解电容的内部是将条状铝薄片卷起来的，薄片之间是电解液。给铝薄片通上电压之后，由于电解反应，薄片之间产生极薄的绝缘层作为绝缘介质，因此铝电解电容的容量可以做大（最大可以做到上万微法，但离1F还差两个数量级）。

因为铝电解电容的极板是卷成一团的，因此具有一定的电感效应，影响了其高频性能，而且它内部的电解液是液态的，时间长了容易出现过热鼓包、电解液干涸等问题，影响系统稳定性，于是出现了固态钽电解电容，简称钽电容。它的高频性能、温度特性都比铝电解电容好，适合应用在对电容性能要求高的场合，但是价格贵很多。普通的铝电解电容价格约为0.15元，同样容量的钽电容价格可能为1元甚至更贵。

钽电解电容一般是贴片封装的，外形如图2.1.16所示。

图2.1.16　钽电解电容外形

钽电容最小封装是1206，大的有1210及以上，但它的封装常常以公制单位来命名，如3216、3528、6032、7343、7361等，其中3216代表长是3.2mm，宽是1.6mm。

使用电容时还要注意，瓷介电容使用时其引脚不分正负，但是铝电解电容和钽电解电容的引脚都是分正负的，在使用过程中如果接反了，同样会引起电容器的发热、爆炸。如图2.1.17所示，对于直插式的铝电解电容，其较短的引脚为负极，同时其表面也用白线标识出负极。对于贴片式铝电解电容，表面用黑色块标识出负极。

图2.1.17　铝电解电容的负极引脚标识

而对于钽电解电容，表面印有白色块或者黑色块的那一端为正极，如图2.1.18所示。

铝电解电容和钽电解电容的电路图图形符号如图2.1.19所示，符号中也标明了其极性。

14

正极标识

图 2.1.18　钽电解电容的正极引脚标识

图 2.1.19　铝电解电容和钽电解电容电路图图形符号

电容最重要的作用是对电源进行滤波。使用 220V 交流电供电的电子产品，在产品内部通常需要先将 220V 交流电压经过变压器降到低压，然后通过整流电路把交流电转化成直流电（这个过程称为"整流"），再经过稳压电路得到不同的直流电压，供给电路不同的部分使用。交流电在整流成直流电之后，其中仍然混有一定分量的交流量成分，使直流电压产生脉动，如果不加处理，会影响到后面电路的正常工作。利用电容器"通交流、隔直流"的效应，将一定容量的电容并联在整流电路的输出电压上，使交流电通过电容短路，只留下稳定的直流电，这个过程便称为"滤波"，起这个作用的电容称为"滤波电容"。经过这一级滤波之后的电压输入给后面的稳压电路进行稳压，在稳压电路的输出端上也要再并联上滤波电容，进一步对稳压后的直流电压进行滤波。

在选用滤波电容时，除了考虑容量，还需要考虑其耐压程度。电容对电压的耐受程度也是有限的，并不能承受无限高的电压，超过电容的耐压值，很可能会击穿它内部的绝缘介质，造成电容的发热、爆炸，选用过程中一定要注意。

贴片瓷介电容一般的耐压是 63V，在单片机电路中，它们一般用来对 3.3V 或者 5V 电源电压进行滤波，工作电压远远低于 63V，因此在使用时通常不需要考虑它们的耐压。对于更高的电源电压（比如 9V、12V、24V）需要使用更大容量的滤波电容，瓷介电容容量太小，这时就需要使用铝电解电容或者钽电解电容，并且要考虑滤波电容的耐压。

一般而言，滤波电容的耐压值应该至少是正常工作电压的 1.5～2 倍，比如对 9V 电源电压进行滤波，那么一般选用耐压为 16V 或者 25V 的电容，但也没有必要选用太高耐压的电容（比如 50V、100V），因为同样容量的电解电容，耐压越大，体积也会越大，同时成本越高。

铝电解电容和钽电解电容的容量和耐压值都印在它们的表面。但对于钽电解电容，其容量和耐压的标示不像铝电解电容那样一目了然。比如表面印有"107C"的钽电解电容，107 代表 10 的 7 次方，单位是 pF，即容量为 $10 \times 10^7 \mathrm{pF} = 100 \mu\mathrm{F}$。字母 C 代表了其耐压值。钽电解电容表面标识的字母与耐压值的关系如表 2.1.3 所示。

表 2.1.3 钽电解电容表面标识的字母与耐压值的关系

字母标识	耐压值/V
F	2.5
G	4
L	6.3
A	10
C	16
D	20
E	25
V	35
T	50

因此钽电解电容表面的 107C 代表其容量是 $100\mu F$，耐压为 16V。

三、电感

相比于电阻和电容，电感在电路中的使用率相对较少，但是其作用仍然不可替代。电感一般是由导线绕成空芯线圈或者带磁芯线圈而制成，所以又把电感称为电感线圈。电感在电路中一般起到滤波、谐振和能量变换的功能。电感图形符号如图 2.1.20 所示。

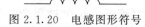

图 2.1.20 电感图形符号

（一）电感参数

1. 电感量

电感的工作能力大小用"电感量"来表示，它表示电感产生感应电动势的能力。电感的电感量取决于线圈导线的粗细、绕制的形状与大小、线圈匝数及中间导磁材料种类、尺寸及位置等因素。电感量的基本单位是亨利（H），常用单位为"mH"和"μH"。由于一般电感的精度比较低，因此电感的标称值采用 E6 系列，即只包括 1.0、1.5、2.2、3.3、4.7、6.8 这 6 个数值。

2. 额定电流

额定电流也叫"温升电流"，是电感工作时，其表面达到一定温度时的平均工作电流。对于应用在电源滤波、功率变换等场合下的大功率电感，额定电流是很重要的参数。小功率电感的额定电流在 100mA～1A 之间，大功率电感的额定电流能达到1A～10A。

3. 饱和电流

对于大功率电感，除了要考虑额定电流之外，还有个参数叫"饱和电流"。因为大功率电感磁芯材料的特性，随着电流的增大，其电感量会降低。所谓饱和电流就是指电感量下降到一定比例时的电流大小。各个电感厂家定义的下降比例不一样，一般为 20% 或 30%。在开关电源中，流过电感的电流形状是锯齿状的，如果最大工作电流超出了电感的饱和电流，会使得其电感量大幅下降，造成电源输出不稳定，导致电路系统出现死机等不稳定情形。

4. 品质因数 Q

对于谐振、选频、振荡等场合下的电感，品质因数 Q 是个很重要的参数，它表示在某一工作频率下，线圈的感抗对其直流电阻的比例，即：

$$Q = \frac{\omega L}{R} = \frac{2\pi f L}{R}$$

其中，f 为工作频率，L 为线圈电感量，R 为线圈的损耗电阻。

Q 值越高，表示电感的直流电阻越小，越接近于理想电感。

除了以上参数，电感的参数还包括损耗电阻（即直流电阻）、分布电容、谐振频率等，在高频电路应用中需要进行考虑。

（二）常用电感介绍

1. 色环电感

色环电感又称色码电感，其外形与色环电阻类似，表面用 3 个或者 4 个色环来标注电感量。与色环电阻相比，色环电感要"短""粗"一些，如图 2.1.21 所示。

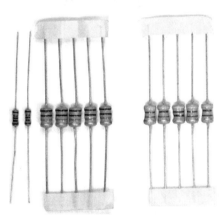

图 2.1.21　色环电感

色环电感的读取方法与色环电阻类似，各色环颜色含义如表 2.1.4 所示。

表 2.1.4　色环电感颜色含义

颜色	有效数字	倍乘数/μH	允许误差
黑	0	10^0	$\pm 20\%$
棕	1	10^1	
红	2	10^2	
橙	3	10^3	

续表

颜色	有效数字	倍乘数/μH	允许误差
黄	4	10^4	
绿	5	10^5	
蓝	6	10^6	
紫	7	10^7	
灰	8	10^8	
白	9	10^9	
金		0.1	$\pm 5\%$
银		0.01	$\pm 10\%$

比如，某一色环电感的颜色分别为：红、红、黑、金，代表其电感量为 22μH，允许误差为 $\pm 5\%$。某一电感颜色为：红、红、银、黑，代表其电感量为 0.22μH，允许误差为 $\pm 20\%$。

2. 小功率贴片电感

小功率贴片电感又称为片式叠层电感，其外观与贴片陶瓷电容类似，常用于普通滤波电路中，如图 2.1.22 所示。

图 2.1.22　小功率贴片电感

3. 大功率贴片电感

大功率贴片电感主要应用于 DC/DC 或者 DC/AC 的电源变换电路中，体积较大，通常为圆形或方形，颜色为深灰色，很容易识别，在一般带有电源变换的单片机或者嵌入式电路中经常见到，计算机主板上也大量存在，如图 2.1.23 所示。

图 2.1.23　大功率贴片电感

大功率贴片电感的电感量一般直接标注在其表面，如 680 代表 68 乘 10 的 0 次方，单位是 μH，即 68μH，类似地，471 代表 470μH，1R5 代表 1.5μH。

4. 磁环电感

磁环电感也应用于电源电路中，额定电流比大功率贴片电感更大，如图 2.1.24 所示。

图 2.1.24　磁环电感

5. 工字电感

工字电感因其外形像汉字"工"而得名，一般也应用于电源电路中，如图 2.1.25 所示。

图 2.1.25　工字电感

6. 空芯电感

空芯电感也叫线绕电感，采用绕径比较粗的漆包线缠绕几圈构成，中间没有磁芯，电感量较小，一般用在小信号滤波电路中，如图 2.1.26 所示。

图 2.1.26　空芯电感

7. 共模电感

共模电感也叫共模扼流圈，是在一个闭合磁环上对称绕制方向相反、匝数相同的两组电感线圈的电感，用于过滤共模电磁干扰，如图 2.1.27 所示。

图 2.1.27　共模电感

共模电感经常放置在 AC/DC 转换器等电源电路的入口处，其工作原理如图 2.1.28 所示。电路正常工作时，电源通过共模电感给内部电路供电，电流会以相反的方向流过共模电感两个绕向相反的线圈，从而产生两个方向相反的磁场，它们相互抵消，使得电流流过时几乎没有感抗的影响，而干扰信号的电流都是以共模的形式存在，即以相同的方向流过两个线圈，产生的磁场方向相同，从而使得感抗叠加在一起，增加了干扰信号的阻抗，从而实现了抗干扰的作用。

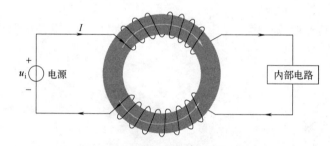

(a) 正常工作电流以相反的方向流过共模电感线圈

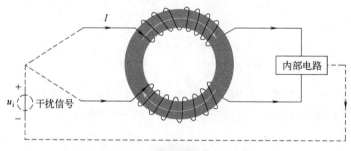

(b) 共模干扰电流以相同的方向流过共模电感线圈

图 2.1.28　共模电感工作原理

共模电感实质上是一个双向滤波器，一方面滤除外界向内部电路传导的共模电磁干扰，另一方面又能抑制电路本身向外发出电磁干扰，以避免影响周围其他电子设备的正常工作。

四、二极管

二极管也是电路中非常常用的元件。二极管具备单向导电性，在通常情况下，电流只能向一个方向流动，无法反向流动。普通二极管的图形符号如图 2.1.29 所示。

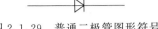

图 2.1.29　普通二极管图形符号

二极管的符号很像箭头，代表了电流的流向，因此二极管在接入电路时，引脚分正负极，被称为阳极和阴极。实际的二极管中，用白色或者黑色来标记它的阴极。图 2.1.30 是常见的直插式和贴片式二极管。

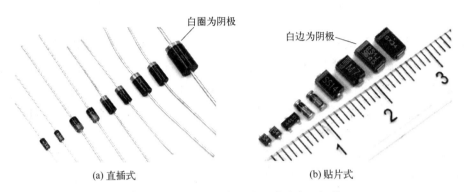

(a) 直插式　　　　　　　　　　(b) 贴片式

图 2.1.30　常见的直插式和贴片式二极管

通常认为，二极管在电路中可以看作一个开关：当加有正向电压时，开关闭合，允许电流流过（这种状态称为"正向导通"）；当加有反向电压时，开关断开，不允许电流流过（此时的状态称为"反向截止"）。因此二极管最常用的功能是防止电源反接，如图 2.1.31 所示。

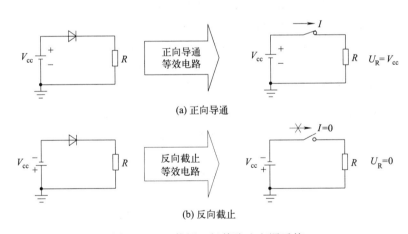

图 2.1.31　使用二极管防止电源反接

上图中，电源电压为 V_{cc}，当电源正接时，二极管正向导通，相当于开关闭合，使得电路中有电流流动，电阻 R 上的电压为 $U_R = V_{cc}$，二极管两端相当于导线，压降为 0。当电源反接时，二极管反向截止，相当于开关断开，电路中没有电流流过，电阻 R 上电压为 0。

但是实际上二极管在正向导通时，并不能简单等效成一根导线，因为它并不是像导线一样两端电压为 0，而是有个导通电压，称为"正向导通电压"，用符号 V_F 表示，如图 2.1.32 所示。

图 2.1.32　二极管正向导通时的等效电路

这个电压与二极管的材料有关，与流过它的电流关系不大。这跟电阻不一样，电阻两端电压随着电流增大而线性增大，因此被称为"线性元件"，二极管中的电流大范围变化时，其两端电压基本不变，因此被称为"非线性元件"。现在常用的二极管有硅二极管和肖特基二极管。对于硅二极管，V_F 的范围在 0.5~0.7V 之间，对于肖特基二极管，V_F 的范围在 0.15~0.3V 之间。

此时电阻 R 上的电压就不为 V_{cc} 了，而是 $U_R = V_{cc} - V_F$。如果图中的电源电压 $V_{cc} < V_F$，即电源电压小于二极管的正向导通电压，那么即使电源是正向连接的，二极管也不会导通，电阻 R 上不会有电压，电路中也不会有电流流过。

当二极管两端加上反向电压时，也不能简单地认为二极管一定会把电路断开。二极管有另外一个参数，叫"反向击穿电压"，用 V_{RRM} 表示。当加在二极管两端的反向电压低于 V_{RRM} 时，此时电路中没有电流流过，电路是断开的，此时称二极管处于"反向截止"状态。但是，如果加在二极管两端的反向电压超过了 V_{RRM}，二极管就会被击穿，会有电流流过，这种状态被称为"反向击穿"状态。二极管被反向击穿时，无论其中流过的电流是多大，其两端会保持恒定电压 V_{RRM}（当然也不能太大，电流太大二极管会过热烧毁）。利用这个特性，二极管可以实现简单的稳压功能。

（一）整流二极管

利用二极管的单向导电性，可以将交流电压转换为直流电压，这就是"整流"功能，实现这种用途的二极管，叫"整流二极管"，最简单的整流电路如图 2.1.33 所示。

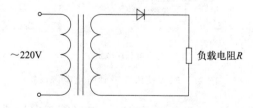

图 2.1.33　最简单的整流电路

应用于整流电路的二极管称为"整流二极管"，常用的整流二极管是 $1N400x$ 系列，它包含从 1N4001 到 1N4007 七个型号的二极管，它们的正向额定电流均为 1A，但是反向击穿电压不一样，具体如表 2.1.5 所示。

表 2.1.5　常用整流二极管反向击穿电压

型号	反向击穿电压 V_{RRM}/V
1N4001	50
1N4002	100
1N4003	200
1N4004	400
1N4005	600
1N4006	800
1N4007	1000

最常用的型号就是 1N4007，它有贴片式和直插式两种封装，外形如图 2.1.34 所示。

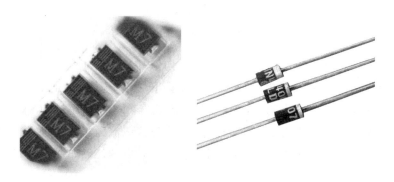

图 2.1.34　1N4007 二极管外观

（二）肖特基二极管

普通的整流二极管只应用于 50Hz 低频交流电的整流电路中。如果要对高频交流电进行整流，比如频率为 1kHz 以上的交流电，1N400x 系列二极管就不能使用了。因为二极管还有另外一个参数，叫"反向恢复时间"。在整流电路中，随着交流电正负半周的变化，二极管反复在导通和截止两种状态下切换，理想情况下，导通与截止之间的转换是不需要时间的，但现实中的二极管却不是这样。当施加的电压由正向转为反向时，二极管不是立刻由导通转为截止，而是保持一段时间的"反向导通"（并非反向击穿），然后才由反向导通转为反向截止，这个时间就称为"反向恢复时间"。如果交流电的频率太快，超过了二极管的反向恢复时间，在二极管由反向导通转为反向截止之前，电压又变成正向的，那么二极管在电压的正负半周都处于导通状态，就起不到整流的作用了。

1N4007 二极管的反向恢复时间就非常长，因此它只能用于 50Hz 工频交流电整流。如果要对高频交流电进行整流，市面上有专门的反向恢复时间非常短的二极管，比如快恢复二极管、开关二极管、检波二极管等。这里介绍两种二极管，一种是 1N4148，它的反向击穿电压是 100V，正向额定电流是 300mA，反向恢复时间是 4ns，可以应用于高速开关电路和高频电路中。其外形如图 2.1.35 所示。

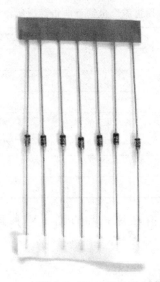

图 2.1.35　1N4148 二极管外形

　　另一种常用的是"肖特基二极管"，它的反向恢复时间也非常短（10～40ns）。肖特基二极管的材料与普通的硅二极管或者锗二极管不一样，其特点是正向导通电压比较低，反向恢复时间短，但是它的反向击穿电压比较低，一般不超过 100V。肖特基二极管常用的型号有 SS14（全称是 1N5819），它的正向额定电流为 1A，反向击穿电压为 40V，正向导通电压在 0.2～0.5V 之间，一般用于高频整流，它的外形如图 2.1.36 所示。

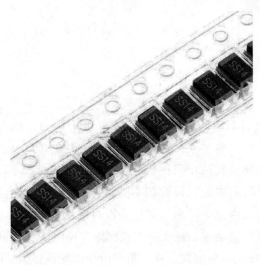

图 2.1.36　SS14 二极管外观

（三）稳压二极管

　　二极管在被反向击穿时，其两端电压会保持恒定，利用这个特性可以把二极管当作一个小功率的电压源给外部电路提供稳定的电压输出。这个用途的二极管，被称为"稳压二极管"。其符号和应用电路如图 2.1.37 所示。

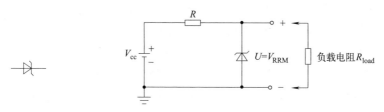

图 2.1.37　稳压二极管图形符号及应用电路

在图 2.1.37 的电路中，假设电源电压 $V_{cc}=24V$，二极管的反向击穿电压 $V_{RRM}=5V$。一般来说，要使二极管击穿并保持稳定，至少要让二极管反向电流超过 1mA，这个电流就由电阻 R 来设定，因此将 R 称为"限流电阻"。显然，当二极管处于稳压状态（即反向击穿状态）时，电阻 R 两端电压为 24V−5V＝19V，要求流入二极管的电流最低为 1mA，那么要求的电阻最大为 19V/1mA＝19kΩ。但是如果将 R 取为 19kΩ 是不是就可以满足要求呢？此时流过二极管的电流就正好为 1mA，二极管能保持在稳压状态。但是这个电路还需要接入负载电阻 R_{load}，需要向 R_{load} 供电。假如负载电阻 R_{load} 是 5kΩ，那么，由于电路的输出电压 $V_{RRM}=5V$，因此流过 R_{load} 的电流就正好为 1mA，而此时流过二极管的电流就为 0 了，二极管就不再处于稳压状态，而是处于反向截止的断路状态。那么此时 R_{load} 的两端电压为多少呢？因为此时二极管处于断路状态，相当于不存在于电路中，因此这个电路就是由 R 和 R_{load} 组成的串联电路，串联总电阻是 19kΩ＋5kΩ＝24kΩ，因此，流过 R_{load} 的电流仍然是 24V/24kΩ＝1mA。如果 R_{load} 的取值低于 5kΩ，那么由电阻串联分压的关系可以得知，R_{load} 两端的电压将低于 5V，即电路不再具备稳压输出的功能，电路功能失效。

由上面的分析可见，当 R 取值为 19kΩ 时，只有不接负载电阻 R_{load} 时（此时称为"电路空载"），才能保持稳定的电压输出。但是作为稳压电路，必须接入负载电阻，只要接入负载电阻，就会从二极管分走电流，使得流过二极管的电流低于 1mA，进而使它工作在稳压与不稳压的临界状态，使得电路工作不稳定。因此，该电路要想向外提供电流，R 的取值必须低于 19kΩ，使得电路空载时二极管中的电流大于 1mA。若 R 取为 1kΩ，记为该电路空载时电路的电流为 $I_{空}$，则有：

$$I_{空}=\frac{V_{cc}-V_{RRM}}{R}=\frac{24V-5V}{1k\Omega}=19mA$$

此时流过电阻 R 和二极管的电流都为 19mA。当电路接有负载电阻 R_{load} 时，只要二极管还处于稳压状态，电阻 R 中的电流将仍然为 19mA。由 KCL 可知，流过二极管的电流和流过负载电阻 R_{load} 的电流之和也为 19mA。因此当接入负载电阻 R_{load} 时，可以认为负载电阻 R_{load} 是从二极管中分得电流进行工作的，其允许分得的最大电流将为 18mA，要留下 1mA 让二极管能够保持稳压状态，因此，负载电阻 R_{load} 的阻值不能太小，最小值为 5V/18mA＝0.28kΩ。也就是说，当限流电阻 R 取 1kΩ 时，该电路最大能向外提供 18mA 的电流，外接的负载电阻 R_{load} 的阻值不能低于 0.28kΩ。

如果要求电路能向外提供 10mA 电流（即负载电阻 R_{load} 的最小值为 5V/10mA＝500Ω），如何来确定限流电阻 R 的大小呢？电路要向外提供 10mA 电流，也就是空载电流为 11mA，从而 R 的取值应该为 19V/11mA＝1.7kΩ。而在实际设计该电路时，R 是否选择 1.7kΩ 就可以了呢？在前面讲过，在使用电阻时，要考虑到电阻的精度、标称值和功率。在这里，如果对于精度没有特别高的要求，取精度为 ±5％ 的电阻即可。精度 ±5％ 的电阻，属于 E24 系列标称值，而在该系列中，并没有 1.7 这个数值，只有 1.6，因此，这里就应该选择标称值为 1.6kΩ 的电阻。然后要再考虑电阻的额定功率。电阻两端电压是 19V，因此正常工作时，其实际功率为 $(19V)^2/1600Ω＝0.23W$。根据电阻额定功率选为实际功率 1.5 倍以上的原则，额定功率至少要为 0.35W，同时额定功率也不用选得太大，因为额定功率越大，电阻的体积越大、价格越贵，因此将额定功率确定为 0.5W。最终选用标称值为 1.6kΩ、额定功率为 0.5W 的电阻即可。

（四）发光二极管

发光二极管简称 LED，在生活中已经随处可见。发光二极管就是二极管，只是会发光，也具有单向导电性，但是它的正向导通电压比较大，并且根据发光颜色不同而不同，一般红色的为 1.5～1.8V，绿色、蓝色和白色的为 2～3V。它们有直插、贴片等不同的封装形式，直插封装的直径有 3mm、5mm、7mm 等，贴片封装有 0603、0805、1206 等，外形如图 2.1.38 所示。

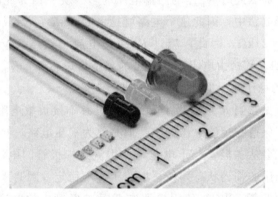

图 2.1.38　不同封装形式的 LED

发光二极管在工作时最重要的是要限制它的工作电流。一般发光二极管工作电流达到 1mA 就能正常发光了，最大工作电流一般不要超过 20mA。在图 2.1.39 电路中，通过选择电阻 R 的阻值可以控制流过 LED 的电流，因此电阻 R 被称为"限流电阻"。根据二极管的工作特性，其正向导通时，正向导通电压基本不随电流变化，因此可以认为正向导通电压是固定的。当我们测出正向导通电压之后，根据电源电压大小、所要求的 LED 工作电流，就可以求出限流电阻 R 的阻值。

比如，在图 2.1.39 电路中，如果电源电压 $V_{cc}＝3.3V$，LED 的正向导通电压使用万用表测得为 1.9V，要求将工作电流控制在 2mA 左右，那么所需要的电阻阻值为 $(3.3-1.9)V/0.002A＝700Ω$，通过查看电阻标称值，市面上没有 700Ω 的电阻，最接近的是 680Ω 的电阻，所以就选这个电阻，最终流经 LED 的电流为：$(3.3-1.9)V/680Ω＝2.1mA$，符合要求。

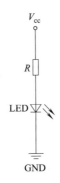

图 2.1.39　LED 的应用电路

（五）数码管

如果将 8 只 LED 排列成数字 8 的形状，然后控制每个 LED 的亮暗，就可以实现从 0 到 9 的数字显示，这便是数码管，其外形如图 2.1.40 所示。

图 2.1.40　常用数码管外形

为了方便说明，数码管数字的每一段笔画都标上号，分别是 a、b、c、d、e、f、g，共有 7 段，因此数码管又称为 "7 段数码管"。小数点被标为 h。数码管的笔画标号如图 2.1.41 所示。

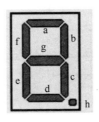

图 2.1.41　数码管笔画标号

数码管的内部接线分为两种，一种是将 8 只 LED 的阴极连接在一起引出，称为 "共阴型数码管"，另外一种是将 LED 的阳极连接在一起引出，称为 "共阳型数码管"，内部电路如图 2.1.42 所示。

数码管有 10 个引脚，引脚编号如图 2.1.43 所示：将数码管正面朝上，左下角是第

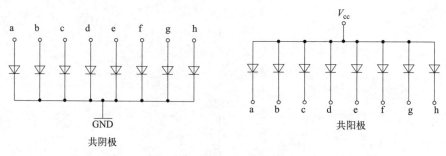

图 2.1.42 数码管电路结构

1 脚，右下角是第 5 脚，右上角是第 6 脚，左上角是第 10 脚。在这 10 个引脚中，有两个引脚是公共脚，它们之间是相互连通的，其他引脚分别对应 a～h 共 8 个 LED，具体的对应方式，可以用万用表的二极管挡测量得知。

图 2.1.43 数码管引脚编号

数码管在使用时，每段 LED 都要接入限流电阻，之后再与电源相连，并且用单独的开关来控制笔画的亮暗。图 2.1.44 是共阳型数码管的接法，数码管从 a 到 h 每一段分别通过开关与排阻相连，排阻的公共端接地。图中的 a、b、c 三段开关是接通的，因此此时数码管显示的是数字"7"。

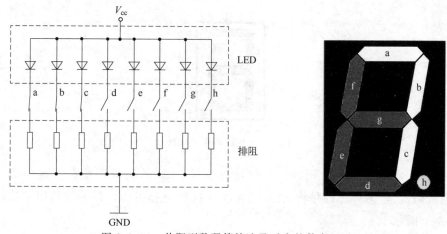

图 2.1.44 共阳型数码管接法及对应的数字显示

（六）二极管的选择

在选用二极管时，需要根据用途来选择。作稳压用途的，肯定要选"稳压二极管"，需要几伏的稳定电压，就买几伏的稳压二极管（当然了，跟电阻电容一样，也是有标称值系列的，并不能买到任意稳压值的稳压二极管）。理论上来讲，任何二极管都可以用作稳压管，比如1N4007的反向击穿电压为1000V，那么就可以把它当作1000V的稳压管来使用，但是一般情况下没有需要1000V稳压源的场合。稳压管也可以作整流用，但是如果交流电的峰值电压是12V，而用6V的稳压管来搭建半波整流电路，其结果必然是稳压管会在交流电的负半周本应截止时被击穿，起不到整流效果。因此如果要搭建普通的工频整流电路（即对50Hz交流电进行整流），就应该选用整流二极管，而不应该选用稳压二极管，而且因为交流电频率比较低，也没有必要选用肖特基二极管。如果要实现高频整流或者续流（比如1kHz以上），就需要使用专门的开关二极管或者肖特基二极管了，在电流不大的情况下（如100mA以下），也可以使用1N4148。

第二节 常用仪器仪表的使用

一、数字万用表

万用表是在电路设计与调试过程中不可缺少的仪器。目前最常使用的是数字万用表，与指针万用表相比，数字万用表使用更方便、测量更准确，并且测试功能更强大，已经基本取代了指针万用表。数字万用表分为手持万用表与台式万用表。台式万用表测量精度更高、功能更丰富，但是价格较贵，不如手持万用表使用方便和普遍，两者的使用方法类似。这里以深圳胜利高电子科技有限公司生产的手持式万用表VC9801A＋为例，来讲解数字万用表的使用方法。

（一）数字万用表面板组成

VC9801A＋万用表的外观如图2.2.1所示，其面板由4部分组成，分别是液晶显示屏、开关按键、量程转换开关、表笔插孔。下面一一进行介绍。

1. 液晶显示屏

液晶显示屏直接以数字形式显示测量结果。VC9801A＋总共能显示4位数字，其中后3位可显示0～9全部数字，而最高位只能显示"1"或"0"，故称只能显示1/2位或者半位。因此，这种显示方式被称为3 1/2位显示，也称为"三位半"显示。数字万用表的位数越多，其灵敏度和分辨力越高。除了三位半的万用表，还有3 2/3、3 3/4、4 1/2、5 1/2、6 1/2、7 1/2、8 1/2这些位数更高的万用表，用于更高精度的测量。

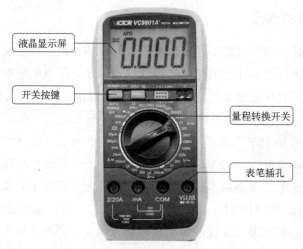

液晶显示屏

开关按键

量程转换开关

表笔插孔

图 2.2.1　VC9801A＋万用表

除了显示数字，液晶显示屏上还会显示测量单位、交/直流符号（AC/DC）、二极管测量符号、通断检测符号、低电量符号等信息。

2. 开关按键

VC9801A＋万用表的开关按键有 2 个，分别是 POWER 和 HOLD。

POWER 键是电源开关，长按 POWER 键，可以实现万用表的开关机。开机状态下短按 POWER 键，可以打开自动关机（Auto Power Off，简称 APO）功能，屏幕上会显示"APO"，此时如果万用表停止使用超过约 15 分钟，会发出蜂鸣声，之后自动断电关机，以节省电量消耗。

HOLD 键在通常情况下是数据保持键，短按该按键时，当前测量数据会保持在屏幕上以方便读取，屏幕上显示"HOLD"符号。对于某些有两个功能的挡位（如二极管/通断测量挡），HOLD 键可以用来在两个功能之间进行选择。长按 HOLD 键，可以打开屏幕的背光显示，以方便在光线较弱的环境下读取测量值。

3. 量程转换开关

量程转换开关位于表的中间，用于选择测量项目。由于三位半万用表液晶屏最大显示数值为 ±1999，不到满度 2000，所以量程挡的首位数几乎都是 2，如 200Ω、2kΩ、2V……当测量值超量程时，屏幕上会显示"0L"，此时需要切换到更高的量程进行测量。具体的挡位符号如下：

$\boxed{\text{V=}}$：直流电压挡。

$\boxed{\text{V~}}$：交流电压挡。

$\boxed{\text{A=}}$：直流电流挡。

$\boxed{\text{A~}}$：交流电流挡。

$\boxed{\Omega}$：欧姆挡。

━►┤•))）：二极管/通断挡。默认是通断挡，用以检测导线或者线路通断。通过短按 HOLD 键，可以切换为二极管挡，以测量二极管的正向导通压降。这个挡位非常有用，一是可以用来测试万用表本身是不是好的，二是可以用来测量万用表的表笔是不是好的，三是可以用来测试电路中的导线是不是通的，方便查找线路故障。

2000μF：电容挡。量程是 20nF～2000μF，会自动切换，测量 μF 级电容时，需要等待几秒数据才能稳定。

hFE：三极管放大倍数测量挡。

ЛЛ：方波输出挡。输出方波电压幅度约为 3.3V，通过短按 HOLD 键，会依次输出 50Hz、100Hz、200Hz 到 5kHz 的方波，循环切换。

TEST：照明用电零线、火线判断。红表笔或者黑表笔其中一支接触到照明用电火线，万用表屏幕显示数字"1"，并发出蜂鸣声，指示当前接入的是火线，否则屏幕显示为数字"0"。

4. 表笔插孔

VC9801A＋万用表有 4 个表笔插孔，在切换不同的挡位和量程时，表笔要切换到不同的插孔，具体的切换方法是：

（1）无论是什么量程和挡位，黑色表笔始终插入 COM 孔；

（2）测量电压、电阻、电容、二极管、通断，以及向外输出方波信号时，红色表笔插入到第 4 个插孔（标有 **VΩЛЛ━►┤•)** 符号）；

（3）测量 200mA 以下电流时，红色表笔插入到第 2 个插孔（标有 mA 符号）；

（4）测量 2A 以上电流时，红色表笔插入到第 1 个插孔（标有 2/20A）。

（二）数字万用表使用步骤

（1）将万用表开机；

（2）将万用表表笔插入对应插孔中；

（3）将量程转换开关切换到对应挡位；

（4）将表笔与被测点或者被测元件接触；

（5）待液晶屏显示稳定之后，读取测量值。

（三）数字万用表使用注意事项

（1）要理解数字万用表量程的含义。数字万用表量程的含义与指针式万用表有区别，比如欧姆挡中的 200Ω 量程，代表在此挡位下最大只能测量到 200Ω 的电阻（实际上是 199.9Ω），再大就测量不出来了，屏幕上会显示"0L"，说明测量值超出当前量程，此时要将量程切换到更高挡位。

（2）要选择合适的量程，既不能太小，也不能太大。除了不要超量程，也不要用过大的量程来测量，因为量程越高，屏幕显示数值的小数点越靠右，小数位数越少，被测量的精度就会下降。因此，要尽量选择匹配的量程，既不超量程，显示的小数位数也最多，测量精度最高。

（3）要掌握数字万用表的读数方法。数字万用表显示的读数就是测量值，而不必像指针式万用表那样乘一定的倍率。不同的量程有不同的读数单位，以欧姆挡为例，如果量程是 200，那么读数的单位就是 Ω，如果量程是 2k、20k、200k，那么单位都是 kΩ，如果量程是 2M、200M，那么单位是 MΩ。因此，数字万用表读数时，只需要根据所选量程的单位直接读取即可，比如在欧姆挡 200 挡位下，万用表显示值是 155.6，则测量的电阻值就是 155.6Ω，如果在欧姆挡 2k 挡位下显示的值是 1.206，那么测量值是 1.206kΩ。此外，和指针式万用表不一样的还有，测量直流电压时，数字万用表的红表笔可以接负电压，黑表笔可以接正电压，这样显示出来的数字前面会显示一个负号，测量直流电流时，电流也可以从黑表笔流进，从红表笔流出，此时同样会显示负号。

（4）数字万用表的挡位与表笔位置要对应。在测量时，要注意当前挡位和表笔的位置要对应，比如说先用欧姆挡测量了电阻，然后没有切换挡位就直接测量电压，可能会造成万用表的损坏，而如果测量完电流之后，没有切换表笔位置和挡位就直接去测量电压，会造成被测两点间短路，可能会烧坏电路。

（5）测量电阻、电容、二极管、线路通断时，被测电路切勿带电。

（6）测量电阻时，要保证被测电阻与电路其他部分不存在并联关系，否则测量的可能是电路等效电阻，导致测量结果不准确。

（7）测量电流时，用"mA"表笔插孔测量时，不应超过 200mA，用"2/20A"表等插孔测量时，不应超过 20A（且测试时间小于 10s），否则可能会烧坏内部保险丝。

（8）当屏幕显示"🔋"符号时，说明电池电量不足，应该及时更换电池，否则测量值可能会不准确。

（9）测量高电压时，要特别注意，避免发生触电事故。

二、数字示波器

示波器被称为工程师的"眼睛"，是一种用途十分广泛的电子测量仪器，它能把肉眼看不见的电信号变换成看得见的图像，便于人们研究电信号的变化过程。利用示波器能观察信号随时间变化的波形曲线，并可以测量电压、电流、频率、幅值、相位差等电参数。

早期的示波器是模拟示波器，显示装置是电子管，将狭窄的高速电子流打在涂有荧光物质的屏面上，产生细小的光点进行显示，而利用输入信号产生的电场来改变电子束的偏转角度，从而显示出波形。而现今，数字示波器的使用越来越广泛。数字示波器的测量原理和模拟示波器完全不同，它的核心是高速微处理器，利用前端高速 A/D 转换器将输入信号转换为二进制数据，再在微处理器的控制下显示在 LCD 显示屏上。数字示波器具有模拟示波器不可比拟的优点：波形可存储，可以进行实时的波形测量和处理，可以和电脑相连组成功能更强大的测控系统，而且价格也越来越便宜，因此已经逐渐取代了模拟示波器。这里以深圳鼎阳科技有限公司推出的 SDS1072X＋为例，来讲解数字示波器的基本操作方法，其他品牌和型号的示波器使用方法可以以此作为参考。

（一）数字示波器面板介绍

SDS1072X＋数字示波器面板如图 2.2.2 所示。下面介绍面板上各个旋钮、按钮、端子的功能。

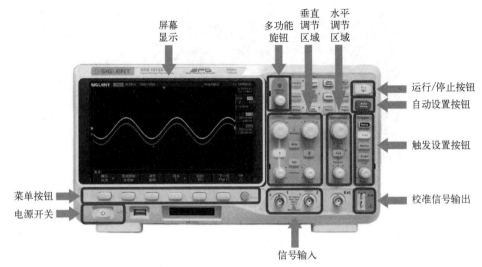

图 2.2.2 SDS1072X＋数字示波器

（1）电源开关。

：电源开关用于示波器开关机。短按开机，长按关机。

（2）信号输入端子。

：信号输入端子用于接入测试探头，将被测信号引入示波器进行显示和测量。SDS1072X＋示波器支持 2 路信号输入，其他示波器有支持 4 路信号输入的。

（3）校准信号输出端子。

：用于输出 1 路校准信号。校准信号是频率为 1kHz，幅值为 3V 的方波信号。将示波器探头接到校准信号输出端子上，如果能在屏幕上正确显示出校准信号，说明测量探头和示波器本身工作正常。因此校准信号常用来判断测量探头和示波器本身工作是否正常。

（4）菜单按钮。屏幕底部是示波器的设置菜单，其菜单项与下面的菜单按钮一一对应，用于调节各个菜单功能，如图 2.2.3 所示。

（5）屏幕显示。用于显示被测波形，并进行波形参数读取，具体的读取方法后面会详细介绍。

（6）多功能旋钮。如图 2.2.4 所示，在不同菜单下多功能旋钮有不同的功能，在按

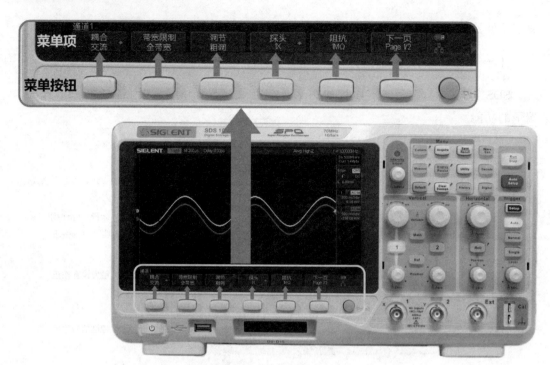

图 2.2.3　SDS1072X＋示波器的设置菜单

若该灯被点亮，可以使用多功能旋钮选择菜单项

图 2.2.4　多功能旋钮

下某菜单按钮时，如果多功能旋钮上方指示灯被点亮，则旋转该旋钮可以快捷地选择菜单项。若指示灯没有点亮，旋转该旋钮可以调节波形亮度。

　　（7）垂直调节区域。主要用于调节屏幕显示波形在垂直方向上的幅值和上下位置，并对通道参数进行设置。由于 SDS1072X＋示波器支持 2 路信号输入，因此两个通道的信号波形有各自的垂直调节旋钮和按钮。具体如图 2.2.5 所示。

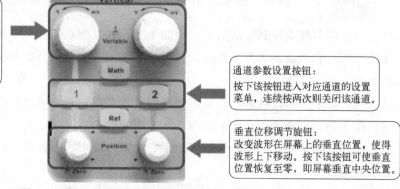

电压挡位调节旋钮：
修改当前通道的电压挡位，从而使得屏幕显示的"幅值"增大或者减小，同时屏幕右方的电压挡位信息会相应变化。按下该旋钮可设置调节模式为"粗调"或"细调"。

通道参数设置按钮：
按下该按钮进入对应通道的设置菜单，连续按两次则关闭该通道。

垂直位移调节旋钮：
改变波形在屏幕上的垂直位置，使得波形上下移动。按下该按钮可使垂直位置恢复至零，即屏幕垂直中央位置。

图 2.2.5　SDS1072X＋示波器垂直调节区域

此外，Math 按钮用于对两路波形进行数学运算，将运算结果以波形方式显示。按下该按钮打开数学运算菜单，可进行加、减、乘、除、FFT、微分、积分、平方根等运算。使用多功能旋钮可以设置 Math 波形的垂直刻度和位置。

Ref 按钮是参考波形功能按钮。按下该按钮打开参考波形菜单，可以存储参考波形，并将实测波形与参考波形进行比较，以判断电路故障。SDS1072X＋示波器可存储 2 组参考波形。使用多功能旋钮可以设置 Ref 波形的垂直刻度与位置。

（8）水平调节区域。如图 2.2.6 所示，该区域用于对波形进行水平调节，包括进行水平缩放和调节水平位置。由于两路波形共用一套时基，因此两路波形共用一套水平调节旋钮。

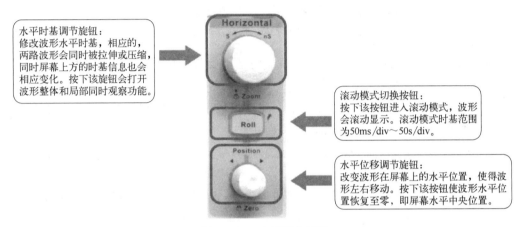

水平时基调节旋钮：
修改波形水平时基，相应的，两路波形会同时被拉伸或压缩，同时屏幕上方的时基信息也会相应变化。按下该旋钮会打开波形整体和局部同时观察功能。

滚动模式切换按钮：
按下该按钮进入滚动模式，波形会滚动显示。滚动模式时基范围为50ms/div～50s/div。

水平位移调节旋钮：
改变波形在屏幕上的水平位置，使得波形左右移动。按下该按钮使波形水平位置恢复至零，即屏幕水平中央位置。

图 2.2.6　水平调节区域

（9）运行/停止按钮。

：按下该按钮可将示波器置为"运行"或者"停止"状态。在"运行"模式下，示波器持续进行波形采集和显示，在"停止"模式下，示波器停止波形采集，屏幕上的波形显示不再更新，以方便波形观察和参数读取。

在"运行"状态下，该按钮会亮黄灯。

在"停止"状态下，该按钮会亮红灯。

（10）自动设置按钮。

：按下该按钮开启示波器自动设置功能。示波器将根据输入信号自动设置垂直电压挡位、水平时基挡位、触发类型和触发电平，使波形以最佳方式显示。注意，自动设置功能只在测量周期性信号时才有效。

（11）触发设置按钮。用于对示波器的触发功能进行相应设置，详细见后文介绍。

（二）数字示波器屏幕读取

示波器能将信号波形显示在屏幕上，之后可以读出波形的周期、频率、幅值等各项参数，下面来介绍具体的读取方法，以图 2.2.7 为例，可以看出来，该信号是个正弦波。

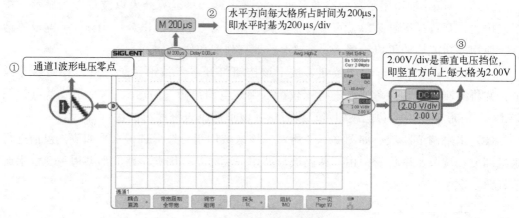

② 水平方向每大格所占时间为200μs，即水平时基为200μs/div

① 通道1波形电压零点

③ 2.00V/div是垂直电压挡位，即竖直方向上每大格为2.00V

图 2.2.7 SDS1072X+示波器波形显示 1

在读取信号参数之前，先要读取示波器的基本参数，按照图 2.2.7 中所标的序号，具体读取方法如下：

① 该箭头指示出该波形是第 1 通道，并且指示了波形的电压零点所在位置。在读取波形的波峰、波谷值时，应该以该箭头为基准。

② M 200μs 是示波器的水平时基，意思是屏幕上一个大格在水平方向上占据的时间是 200μs。

③ 2.00V/div 是垂直电压挡位，即屏幕竖直方向上一个大格代表的电压值为 2.00V。

根据上面的基本参数，可以读取出波形参数，具体过程如图 2.2.8 所示。

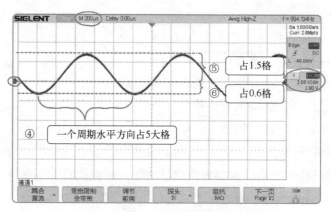

⑤ 占1.5格

⑥ 占0.6格

④ 一个周期水平方向占5大格

图 2.2.8 SDS1072X+示波器波形显示 2

④ 该波形一个周期占据了 5 个大格，而前面已经读出当前的水平时基是 200μs，即一个大格代表的时间是 200μs，因此可以计算出该波形的周期是：

$$200μs \times 5 = 1000μs$$

进而可以计算出该波形的频率为 1000Hz。

⑤ 该波形波峰的位置，相对于其电压零点间隔是 1.5 大格，而示波器的垂直电压挡位是 2.00V/div，即竖直方向上一个大格代表 2.00V 电压，因此该波形的波峰值为：

$$2.00V \times 1.5 = 3.00V$$

同样，可以读出该波形的波谷与电压零点相距0.6大格，进而可以计算出波谷值：

$$2.00V \times (-0.6) = -1.20V$$

可见，该正弦波并不是正负对称的标准正弦波，而是中间叠加有直流信号的正弦波，其叠加的直流信号电压值为：

$$(3.00V - 1.20V) \div 2 = 0.90V$$

可以计算出，该波形的峰峰值为：

$$3.00V - (-1.20V) = 4.20V$$

进一步可以计算出，该正弦波的有效值为：

$$4.20V \div 2 \div \sqrt{2} = 1.50V$$

通过以上步骤，将波形的参数完整地读取出来了，具体如表2.2.1所示。

表2.2.1　波形参数

形状	周期 /μs	频率 /Hz	波峰值 /V	波谷值 /V	叠加的直流信号 /V	峰峰值 /V	有效值 /V
正弦波	1000	1000	3.00	−1.20	0.90	4.20	1.50

（三）数字示波器通道菜单设置

要想将波形正确地显示在示波器屏幕上，首先需要对示波器的通道参数进行正确设置。SDS1072X＋示波器有两个输入通道，各有一个通道参数设置按钮（如图2.2.5所示），这里以通道1为例，按一下通道1的设置按钮，屏幕底部出现如图2.2.9所示的菜单。

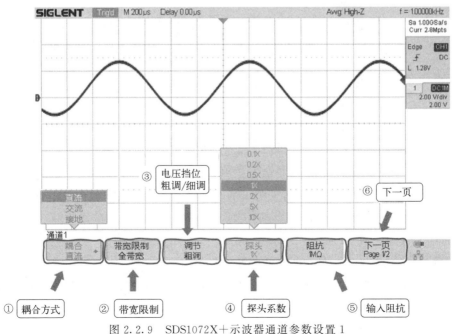

图2.2.9　SDS1072X＋示波器通道参数设置1

各个菜单的功能如下：

① 耦合方式：有"直流""交流""接地"三种方式。对于"直流"耦合方式，信号直接进入示波器内部的采集电路。对于"交流"耦合方式，信号会经过一个电容之后，才进入采集电路。由于电容具有"隔直通交"的作用，信号中的直流分量会被阻挡，进入示波器的只有其中的交流分量，因此这种方式适合对信号中的交流分量进行观察。当耦合方式选为"接地"时，示波器通道在内部与地相连，外部信号无法进入，屏幕上将显示为一条水平直线，该功能用于示波器的功能测试。

② 带宽限制：有"全带宽"和"20M"两个选项。选择"20M"时，会对输入信号进行高频滤波，对 20MHz 以上频率的干扰信号进行衰减，使得显示的波形更加纯净。选择"全带宽"时，不具备高频滤波功能。

③ 电压挡位粗调/细调：设置旋转面板上的"电压挡位调节旋钮"是粗调还是细调。也可以不通过这里的菜单进行调节，而是通过按动"电压挡位调节旋钮"来快速地改变该设置。

④ 探头系数：如图 2.2.10 所示，示波器探头上通常有×1 和×10 两个挡位，用来调节探头的衰减系数。在×1 挡位，信号不经过衰减直接进入示波器。在×10 挡位，信号会被衰减至 1/10 之后再进入示波器，这样可以测量电压幅值更大的信号。但是，如果示波器不做相应的设置，通过示波器屏幕测量得到的信号幅值将是真实值的 1/10，需要自己将测量值乘以 10 倍才能得到真实的信号幅值。为了简化操作，示波器的通道菜单中有"探头系数"这一菜单选项，当探头系数切换到"×10"挡位时，电压挡位会自动地显示为"×1"挡位的 10 倍，这样就能直接读取信号的真实幅值了。

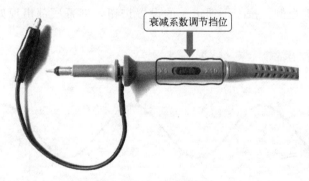

图 2.2.10　示波器探头

⑤ 输入阻抗：示波器从功能上来看相当于是一个能够进行高速测量的电压表，但是它并不是像理想电压表那样具备无穷大的输入阻抗，其输入阻抗由此项进行设置，有 1MΩ 和 50Ω 两个选项。显然，输入阻抗越大越好，因此在大部分情况下，都要选择 1MΩ 的输入阻抗。

⑥ 下一页：点击进入下一页菜单设置。

⑦ 单位选择：选择测量单位，V 或者 A，如图 2.2.11 所示。一般来说，示波器只能测量电压，但是示波器可以加装电流探头，将电压转换为电流进行测量，此时就应该把示波器的显示单位切换为 A。

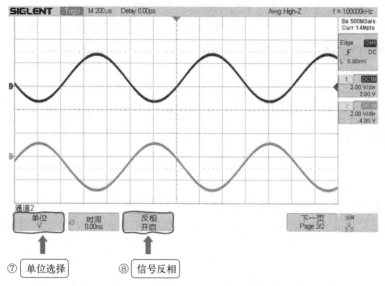

⑦ 单位选择　　　　⑧ 信号反相

图 2.2.11　SDS1072X＋示波器通道参数设置 2

⑧ 信号反相：选择是否将信号反相。所谓的反相，就是将信号以其电压零点为轴上下翻转。在图 2.2.11 中，通道 1 与通道 2 都接的是同一个正弦波信号，但是通信 2 将信号进行了反相，可见，其信号是上下翻转的。

（四）数字示波器触发功能设置

1. 数字示波器的触发功能原理

要想将示波器使用得得心应手，必须深入理解示波器的触发功能。首先来看示波器的工作过程。

简单来说，示波器的工作过程分为三步，分别是采集、存储与显示，如图 2.2.12 所示。

图 2.2.12　示波器的工作过程

① 采集：所谓的"采集"，就是测量输入信号的电压值。相当于拿数字万用表对输入信号进行电压测量，但是示波器采集电路的测量速度比数字万用表要快很多。信号采集速度使用"采样率"这一概念来描述，比如这里的 SDS1072X＋示波器，其采样率为 $1GSa/s$，表示每秒钟采样 1G 次，即 10^9 次，而数字万用表的采样率一般为 3 次/s。

② 存储：通常情况下，示波器将信号电压测量出来之后，并不会立即在屏幕上显示，而是先记录到示波器内部存储器中，等采集到一整屏的数据之后，再进行整体刷新显示。

③ 显示：示波器将采集到的数据以波形的形式显示到屏幕上。

这三个步骤循环进行，从而实现对输入信号持续地采集与观察。然而，在实际工作中会出现各种问题。比如，需要采集如图 2.2.13 所示的周期性信号。

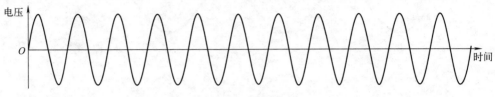

图 2.2.13　某周期性信号

该信号是个正弦波，从时间零点开始，该信号就一直产生，示波器需要按照上面的步骤，不断地对信号进行采集、存储和显示。假如某 4 次连续的采集过程如图 2.2.14 所示。

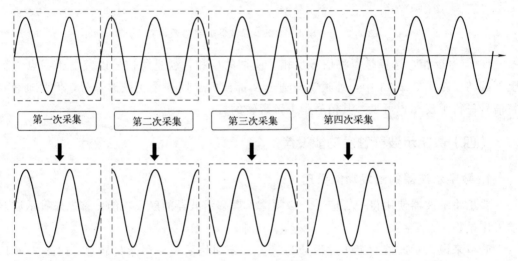

图 2.2.14　连续 4 次采集过程

这 4 次连续采集，得到了 4 个波形，然后需要将这 4 个波形刷新显示在屏幕上。由于这 4 次采集得到的波形是不一样的，因此显示在屏幕上，就是一片混乱的波形，难以进行波形观察和参数读取，如图 2.2.15 所示。

出现上面问题的关键在于这 4 次采集得到的 4 个波形是不一样的，因此重叠显示在屏幕上时会出现混乱。为了解决这个问题，需要保证每次采集到的波形一致。由于被观察信号是正弦波，是个周期性信号，所以要每次采集到形状一致的波形，只需每次从一个周期内同一位置开始采集即可。比如，每次都从正弦波的起点开始采集，如图 2.2.16 所示。

由图 2.2.16 可见，示波器每次都是从正弦波的起点开始采集，因此，4 次采集得到的波形是完全一致的，这样 4 个波形叠加到屏幕上，就是一个清晰的正弦波波形，从而实现了波形的稳定显示。

从上面的分析可见，示波器要能够稳定显示波形，除了要具备采集、存储和显示功

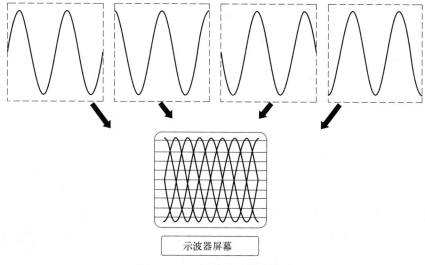

示波器屏幕

图 2.2.15　屏幕显示混乱波形

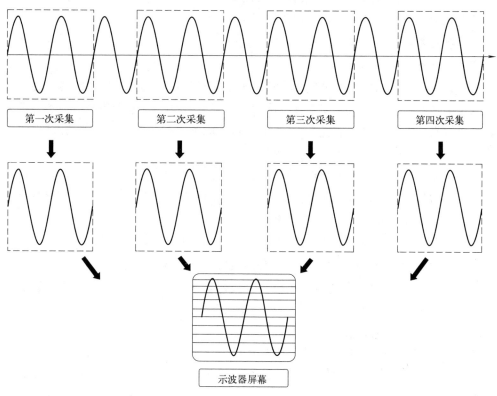

第一次采集　　第二次采集　　第三次采集　　第四次采集

示波器屏幕

图 2.2.16　屏幕显示稳定波形

能外，还需要一个功能，保证每次从信号特定的时间点开始显示波形，从而保证每次显示在屏幕上的波形都是一致的，这个功能叫"触发"，是示波器的核心功能，相应的电路叫"触发电路"，如图 2.2.17 所示。

图 2.2.17 中，示波器的采集和存储电路仍然是持续工作的，但是采集到电压点之后，并不会立刻送到显示电路进行显示，而是要受到触发电路的控制。触发电路会持续

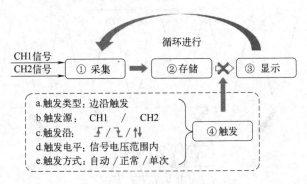

图 2.2.17 触发电路

对信号进行监测，当被监测信号满足设定的条件时，产生触发信号，进而才会控制显示电路将采集和存储的数据进行显示。总结来说，需要设定的条件有 5 个，分别如下：

（1）触发类型：设定如何产生触发信号。一般设定为被监测信号穿过触发电平产生触发信号，这叫"边沿触发"，是最常用的触发类型。除了边沿触发之外，还有总线触发、视频触发、间隔触发等，这些使用得不多。

（2）触发源：设定触发电路是对 CH1 通道的输入信号进行监测还是对 CH2 通道的输入信号进行监测。

（3）触发沿：当触发类型设定为"边沿触发"时，还要选择被监测信号是在上升时穿越触发电平产生触发信号，还是在下降时穿越触发电平产生触发信号，或者在上升和下降穿越时都产生触发信号，这三种设定分别对应为上升沿触发、下降沿触发、交替触发。

（4）触发电平：在触发类型设定为"边沿触发"时，被监测信号在穿越触发电平时会产生触发信号，显然，触发电平的大小必须要在被监测信号的最高电压和最低电压之间。触发电平的调节使用图 2.2.18 中的"触发电平调节旋钮"。

（5）触发方式：当没有触发信号产生时，设定示波器如何更新屏幕显示。有三种方式，分别是"自动""正常""单次"，三种触发方式具体含义如下。

① 自动触发：当有触发信号产生时，示波器就更新屏幕显示，如果没有触发信号产生，则定时更新屏幕显示，显示的波形可能会是混乱的。

② 正常触发：当有触发信号产生时，就更新屏幕显示，如果没有触发信号，则始终不更新屏幕显示，除非再次产生触发信号才更新。

③ 单次触发：在没有触发信号时，始终等待触发信号，不更新屏幕显示，而一旦有触发信号产生，则立刻更新屏幕显示，并且之后示波器会进入停止状态，停止进行采集和存储，波形不再更新，除非按一下"Run/Stop"按钮，让示波器重新运行。

触发方式的调节具体见图 2.2.18 中的"触发方式选择按钮"。

2. 数字示波器的触发功能设置

数字示波器的触发功能，需要通过面板上的按钮、旋钮，以及屏幕菜单进行设置。在数字示波器 SDS1072X＋的面板上有专门的触发设置区域，如图 2.2.18 所示。

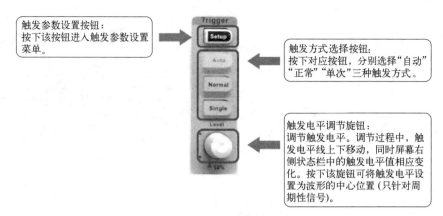

触发参数设置按钮：
按下该按钮进入触发参数设置菜单。

触发方式选择按钮：
按下对应按钮，分别选择"自动""正常""单次"三种触发方式。

触发电平调节旋钮：
调节触发电平。调节过程中，触发电平线上下移动，同时屏幕右侧状态栏中的触发电平值相应变化。按下该旋钮可将触发电平设置为波形的中心位置（只针对周期性信号）。

图 2.2.18　SDS1072X＋示波器的触发设置区域

在图 2.2.18 的面板区域，按下"Setup"按钮，屏幕上会出现触发设置菜单。"Auto""Normal""Single"按钮分别用来选择"自动""正常""单次"触发方式，"Level"旋钮用来调节触发电平。

触发设置菜单如图 2.2.19 所示，可以分别设置触发类型、触发源、触发沿，并还可以设定触发信号进入到触发电路的耦合方式，还可以开启噪声抑制，以防止噪声干扰。

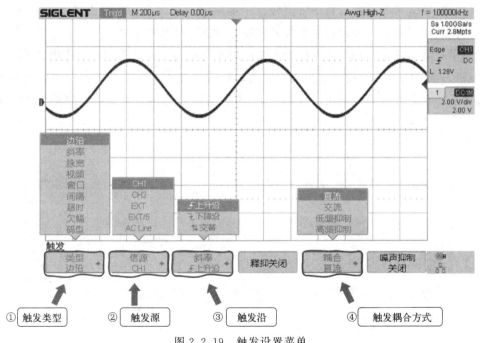

图 2.2.19　触发设置菜单

从如图 2.2.20 所示的示波器屏幕显示上，可以清晰地了解到当前的触发设置。

（五）使用示波器测量常见信号

1. 使用数字示波器测量周期信号

使用示波器测量一般的周期信号（频率在 10Hz～10MHz 之间，幅值在零点几伏到

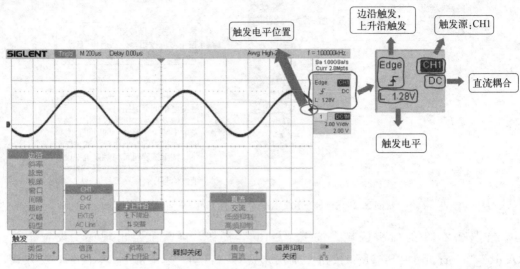

图 2.2.20 当前触发设置显示

几十伏之间），是最基本的操作。数字示波器通常有"Auto Setup"按钮（有的示波器是"AutoSet"），当将信号接入之后，按下该按钮，示波器会自动调节水平时基、电压挡位、触发电平等设置，自动将信号稳定地显示出来。之后，再通过水平时基旋钮、电压挡位旋钮，来对波形进行手动拉伸和压缩，进行细节观察。

如果示波器没有自动功能（比如有些示波器将自动功能屏蔽，或者使用老式的模拟示波器），需要将波形手动调节出来，那么，将信号接入到示波器之后，需要根据当前屏幕显示的状态进行参数调整。以图 2.2.21 中的信号为例（正弦波，频率为 1000 Hz，

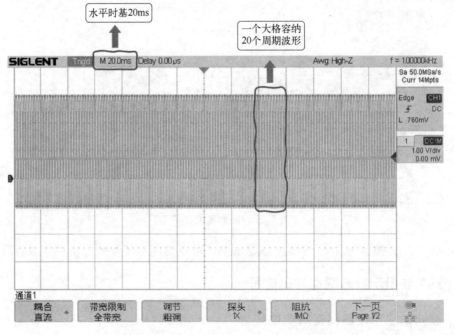

图 2.2.21 手动调节示波器显示波形 1

周期为 1ms），如果屏幕上显示的波形很密，该如何调节呢？

图 2.2.21 中示波器的水平时基为 20ms，而正弦波周期只有 1ms，因此在屏幕的一个大格内可以容纳 20 个周期的正弦波，这就造成了波形过密的现象。显然，此时应该将示波器的水平时基调小，就可以将波形拉伸显示。

如果波形是一条水平直线，如图 2.2.22 所示，这如何调节呢？

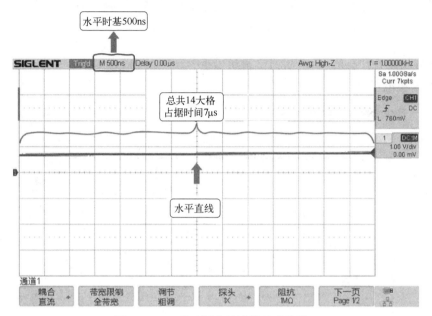

图 2.2.22　手动调节示波器显示波形 2

观察示波器的水平时基，是 500ns，即 0.5μs。整个屏幕的水平方向有 14 大格，因此整个示波器屏幕的横轴所占时间是 7μs，而波形的周期是 1000μs，也就是说，示波器屏幕的整个水平方向，只能显示正弦波的千分之七个周期，相当于是把波形进行了过度拉伸，近似被拉成了一条水平直线。显然，此时应该把示波器的水平时基调大，将波形压缩，这样才能显示出完整的正弦波。

如果完整的正弦波波形已经显示出来了，但是在不停地晃动，显示不稳定，则是示波器的触发设置没有调好，需要检查触发电平、触发源等关键参数是否正确。对于示波器 SDS1072X＋，除了手动旋转触发电平旋钮来调节触发电平之外，还可以按一下触发电平旋钮，就可以自动将触发电平调整到波形中间，使得波形稳定，前提是触发类型和触发源的选择要正确，并且信号是周期性波形。

2. 使用示波器测量交流纹波

我们经常要使用手机充电头给手机充电。常用的手机充电头是一个交流转直流的电源适配器，输出的是 5V 直流电压，如图 2.2.23 所示。虽然充电头标明输出为直流电压，但是实际输出的并不是理想的直流电压，而是在其中会混有一定的交流电压，称为"交流纹波"。我们可以使用示波器来观察交流纹波形状，并测量其幅值。

将示波器通道 1 接到充电头输出，首先观察其直流量。如图 2.2.24 所示，将通道

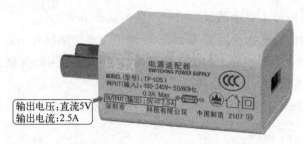

图 2.2.23　手机充电头

1 的耦合方式设为"直流"，电压挡位调到 2.00V/div，可以在屏幕上观察到一条水平直线，说明输出电压是直流。

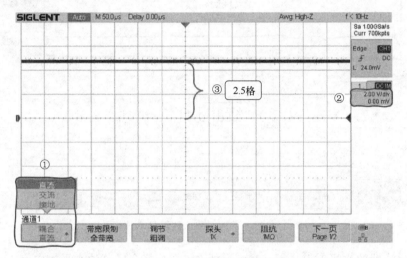

图 2.2.24　示波器测量直流纹波

水平直线距离通道 1 的零点约是 2.5 格，因此充电头的输出电压约为 2.5V×2＝5V。

仔细观察直流信号波形，会发现其中混有幅度很小的跳动信号，这就其中的"交流纹波"。为了观察到这个纹波，需要将信号中的直流信号过滤，因此，需要把耦合方式设为"交流"（如图 2.2.25 中的①）。同时因为交流纹波幅值非常小，因此，要将电压挡位调低，调到 100mV/div（如图 2.2.25 中的②）。

再将水平时基调节到合适值，便可以清楚地观察到交流纹波信号的形状。经过测量，该纹波竖直方向最大约有 3 格（如图 2.2.25 中的③），因此，其峰峰值约为：3×100mV/div＝300mV。

这样，就观察到了直流信号中的交流纹波信号，并测量出了其峰峰值。

3. 使用数字示波器观察非周期信号

从前面对示波器触发系统原理的分析可知，触发系统的存在使得示波器常用于观察周期信号。但是，对于非周期的瞬态信号该如何观察呢？

以图 2.2.26 中的电路为例。图中，电源 U_S＝3V，电阻 R 和电容 C 串联，形成一

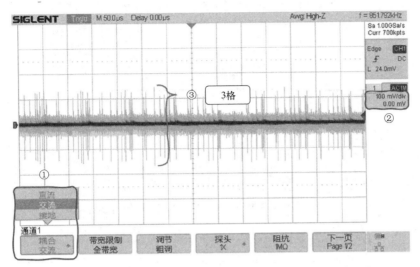

图 2.2.25　示波器测量交流纹波

阶 RC 电路。初始时开关 S 为断开状态，电容 C 中没有电荷，其两端电压 u_C 为 0。在某一时刻，开关 S 闭合，电源 U_S 开始通过电阻 R 给电容 C 充电，电容 C 两端电压开始上升，经过一段时间，电容 C 两端电压从 0 上升到电源电压 U_S。这就是一阶 RC 电路的零状态响应。

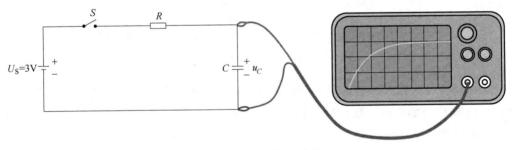

图 2.2.26　一阶 RC 电路

如何用示波器观察到一阶 RC 电路的零状态响应波形，也就是电容 C 两端的电压上升过程呢？这里，就要对示波器的触发功能进行灵活运用了。将示波器探头接到电容两端之后，对示波器的操作步骤如下。

（1）调节示波器电压挡位。由于电容两端电压 u_C 从 0 上升到电源电压 U_S，因此，要保证示波器屏幕上能够完整地显示出从 0V 到 U_S 的电压。操作方法是将示波器的触发方式调为"自动"触发，然后将开关 S 断开，调节示波器，将 0V 电压的直线显示在屏幕上，如图 2.2.27 所示。再将开关 S 闭合，调节电压挡位，将 U_S 电压直线也显示在示波器屏幕上，如图 2.2.28 所示。

（2）调节触发源、触发类型、触发沿：触发源选为当前的测量通道，触发类型为"边沿触发"，触发沿选为"上升沿触发"。

（3）调节触发电平。要将触发电平调节到 0V 和 U_S 之间。

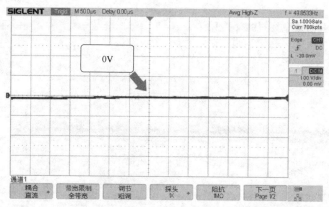

图 2.2.27 开关 S 断开，将 0V 电压直线显示在屏幕上

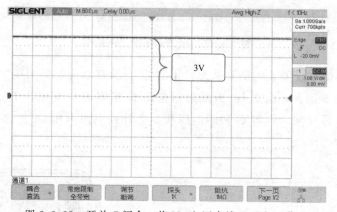

图 2.2.28 开关 S 闭合，将 U_S 电压直线显示在屏幕上

（4）将开关 S 断开，将触发方式调节为"正常"或者"单次"触发，然后将开关 S 闭合，电容 C 开始充电，从示波器上可以看到上升曲线。

（5）如果上升曲线太陡，看不到上升过程的细节，如图 2.2.29 所示，说明水平时基设得过大，应该将水平时基调小。

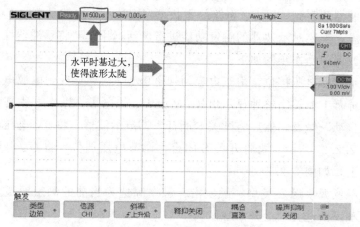

图 2.2.29 波形显示陡峭

反之，如果上升曲线非常平缓，看不到从 0V 上升到的 U_S 整个过程，说明水平时基设得过小，应该将水平时基调大，如图 2.2.30 所示。

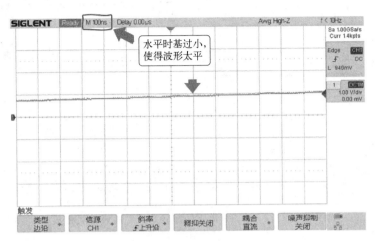

图 2.2.30　波形显示过平

在上面两种情况下，需要重新设置示波器水平时基，然后重复步骤（4），直到能够捕捉到清晰、完整的一阶 RC 电路零状态响应波形。如图 2.2.31 所示。

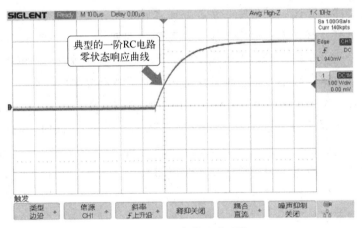

图 2.2.31　波形显示正常

4. 使用示波器测量一阶 RC 电路时间常数

按照电路分析的理论知识，一阶 RC 电路的时间常数 $\tau = RC$。对于一阶 RC 电路的零状态响应曲线，时间常数的物理意义是电容两端电压从 0V 上升到 $0.632U_S$ 所需要的时间，如图 2.2.32 所示。因此，在捕捉到一阶 RC 电路的零状态响应曲线之后，只需要在曲线上找到电容电压开始上升的起点（图中记为 A 点）和电容电压上升到 $0.632U_S$ 的电压点（图中记为 B 点），A、B 两点之间的水平时间，就是该电路的时间常数 τ。读取或使用示波器的光标功能，可以很容易地测量出该时间。

5. 使用示波器观察缓慢变化信号

前面观察的信号，无论是周期信号还是非周期信号，都是变化极快的信号，变化速

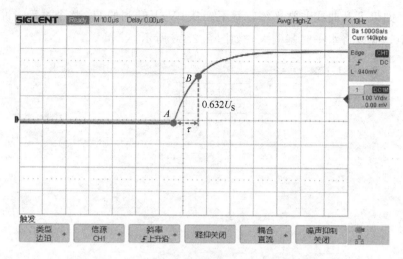

图 2.2.32　一阶 RC 电路的零状态响应曲线时间常数

率超过了人眼能够观察的极限。然而，如果是要观察缓慢变化的信号，其操作方法有所区别。

示波器有两种显示方式，一种是"扫描显示"，这就是前面触发设置里面所讲到的工作方式，示波器需要连续采集完一整屏数据之后，在触发电路的控制下，刷新屏幕将波形整体显示出来，这种方法适用于显示快速变化的波形。另一种是"滚动显示"，示波器采集到信号的电压值之后，立刻显示在屏幕上，不需要触发电路的控制，也不需要等待把整个屏幕数据都采集完，这种方法适用于显示缓慢变化的波形。

对于 SDS1072X＋示波器而言，将水平时基调整到大于 50ms 时，会自动切换为滚动显示，面板上的 Roll 按钮会自动点亮（如图 2.2.6 所示）。此时，波形会从右向左，依次缓慢地显示在屏幕上。当信号变化时，波形也随之发生变化。如果按一下 Roll 按钮，会退出滚动模式而进入扫描模式。此时屏幕会停止显示，等待采集完一整屏数据，才会更新显示。比如如果水平时基设为 1s，那么需要等待 14s，才会更新一次波形，因此不适合实时观察信号变化。

以图 2.2.33 所示的电路为例，电源 U_S 与电位器 R_P 相连，当用手扭动电位器，使其滑动端位置发生变化时，A、B 两点之间的电压就会发生变化，此时，如何使用示波器来观察该电压变化过程呢？

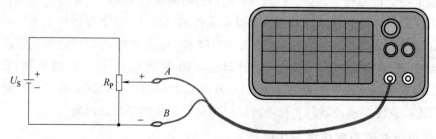

图 2.2.33　示波器测量电位器分压电路

显然，图中的变化过程是人眼可以直接观察到的。此时需要将示波器的水平时基调节到比较大的值，比如调节为 1s，示波器会自动进入"滚动显示"模式。通过旋转电位器旋臂，电压会发生变化，示波器屏幕上的波形也会相应发生变化，这样就实时观察到了该电压变化过程，如图 2.2.34 所示。

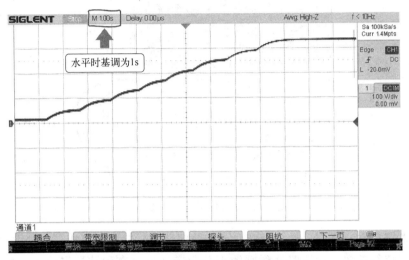

图 2.2.34　示波器观察缓慢变化信号

6. 使用示波器观察多路信号

前面的观察和测量都是针对单个通道的单个信号。一般示波至少都有两个通道，可以同时观察两路信号，并测量它们之间的幅值、时间关系。

以图 2.2.35 中的电路为例，其中 U_i 是峰值为 2.5V、频率为 25kHz 的正弦波信号，电感 L 和电阻 R 串联，构成了一个正弦稳态电路，因此电路中各部分的电压、电流都是与输入信号同频率的正弦波，但是，它们有不同的幅值和相位。现在想研究输入信号 U_i 与回路电流 I 之间的相位关系。一般的示波器只能测量电压信号，无法直接测量电流信号，但是由于电阻 R 两端电压 U_o 与其流过的电流 I 是同相关系，因此通过测量 U_i 和 U_o 两路信号的相位差，即可得知 U_i 与 I 之间的相位差。即需要通过示波器同时观察 U_i 和 U_o 两路信号，并测量它们之间的相位差。

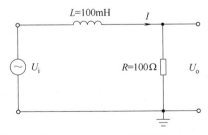

图 2.2.35　RL 串联电路

在使用示波器同时测量两路信号时，要注意的是，示波器的两个通道是共地的，即两个探头的黑色夹子在内部都接到示波器测量电路的地线上，因此，在接线时，要注意这两个黑色夹子要接到被测电路的同一点上。图中标有接地符号 $\perp$，代表该点应该接示波器的黑色夹子，如图2.2.36所示。

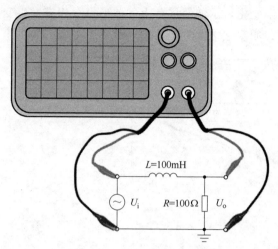

图2.2.36　相位差测量电路接地

接好电路之后，将两个通道都开启，按照周期信号的测量方法，分别设置好水平时基、电压挡位等参数，让两路波形都清晰、稳定地显示在示波器屏幕上，如图2.2.37所示。

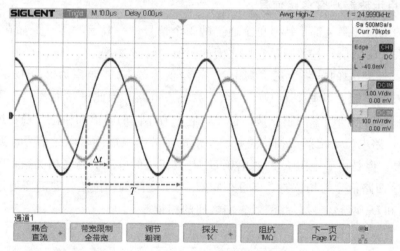

图2.2.37　稳定显示的两路正弦波形

根据图2.2.37的屏幕显示，可以很容易地测量出两路信号的峰值、峰峰值等电压参数，这里不再赘述。下面着重说明如何测量两路信号的相位差。

首先要测量出两路信号的时间差 Δt，可以测量两路正弦波相邻的两个波峰、波谷或者过零点之间的时间差。在图2.2.37中，测量了两个相邻波过零点的时间差，经过肉眼或者光标测量，$\Delta t = 10\mu s$。

然后测量信号的周期。由于两路正弦波周期相同，因此测量任意一个波形的周期即可。经过测量，$T = 40\mu s$。

从而可以计算出两者之间的相位差为：

$$\Delta\varphi = \frac{\Delta t}{T} \times 360° = \frac{10\mu s}{40\mu s} \times 360° = 90°$$

（六）数字示波器使用注意事项

数字示波器在使用过程中，需要特别注意的有：

1. 探头红黑夹子不能混接

出于成本考虑，绝大部分数字示波器的多个输入通道是共地的，即探头的黑色夹子在示波器内部是相连的，都连在示波器内部的地线上。因此，在使用示波器测量多路信号时，要保证所有探头的黑色夹子都是接在电路的同一点上，一般是被测电路的地线上。如果黑色夹子不是接在电路同一点，那么，由于黑色夹子之间相互短路，黑色夹子所接的点就会被短路，从而导致电路不能正常工作，甚至损坏电路。

2. 探头系数要正确调整

示波器探头上的探头系数设置要与通道菜单里的探头系数设置一致，否则测量出来的信号电压会出现错误。示波器探头上通常有×1和×10两个挡位，被测信号幅值较大时，需要将探头系数设置为×10，同时通道菜单里的探头系数也要设置为对应挡位。此外，一般来说，示波器探头的×10挡位比×1挡位的带宽更高，因此，在测量高频信号时，也应该使用×10挡位。

3. 普通示波器不能直接测量市电波形

普通示波器都是采用220V的市电供电，其内部是与市电接地的。如果将示波器探头直接接到市电，会导致内部电路损坏。要想用示波器测量市电波形，要么使用隔离变压器将市电隔离后，给示波器供电，要么使用隔离探头，将市电隔离后输送给示波器进行采集。也可以使用电池供电的手持示波器来测量市电波形。

三、信号发生器

信号发生器与示波器作用正好相反，它用于产生特定波形的信号。一般的信号发生器可以产生正弦波、方波、三角波等常见信号，功能更高级的信号发生器还可以产生任意形状的信号。这里介绍的是TFG5003信号发生器，其面板如图2.2.38所示。

其使用方法如下：

（1）波形形状调节。按"正弦"按钮，输出正弦波，按"方波"按钮，输出方波。

（2）波形频率调节。先按"频率"按钮，然后输入数字，再按"Hz"或者"kHz"按钮。

（3）波形幅值调节。先按"幅度"按钮，然后输入数字，再按"V"或者"mV"按钮。注意，这里输入的是信号的有效值。

（4）波形输出。"输出A"端子可以输出正弦波和方波信号，"输出B"端子只能输出方波信号。因此，一般都是从"输出A"端子输出信号。

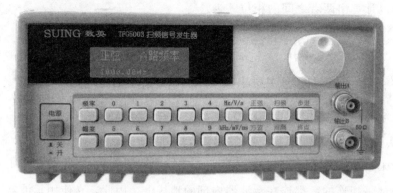

图 2.2.38　TFG5003 信号发生器

第三节　电路技术实验台使用

一、电路技术实验台概述

"物联网型智慧电路技术实验台"是由北京科技大学自然中心电工电子实验中心教师自行研发设计的,具有人脸识别登录、实验操作引导、自动数据获取、自动数据批改等多项智慧化功能,可方便大家自主学习、自主探索,实现对电路理论知识的深入理解。实验台外观如图 2.3.1 所示。

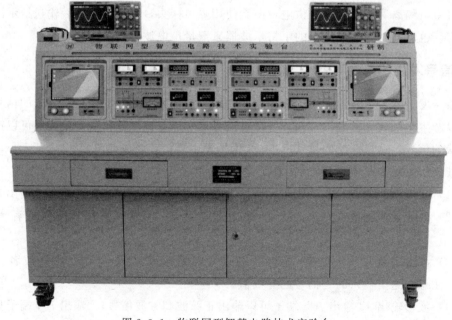

图 2.3.1　物联网型智慧电路技术实验台

二、实验台开关机

如图 2.3.2 所示，实验台开机操作步骤如下：

① 开启实验台总电源。实验台总电源在实验台左侧，将其向上拨，使之开启。

② 按下"启动"按钮。

③ 开启直流可调稳压电源开关，此时直流可调稳压电源开始工作。

④ 开启交流或者直流电压表及电流表开关，对应仪表开始工作。

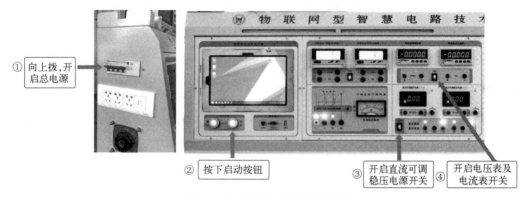

图 2.3.2　实验台电源开启步骤

实验台关机顺序与上面相反，不同的是关机时要按下停止按钮，而不是启动按钮，且最后将总电源向下拨。

三、直流可调稳压电源使用

实验台上配备有两个直流可调稳压电源，可给电路提供两路独立的直流电压，电压调节范围为 0~32V，最大输出电流为 3A，其面板如图 2.3.3 所示。

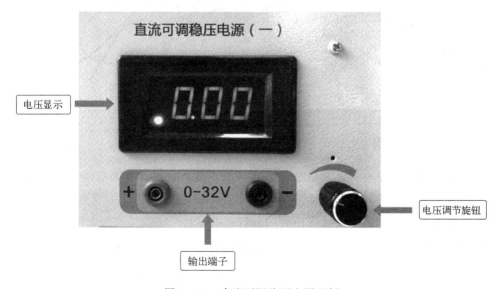

图 2.3.3　直流可调稳压电源面板

直流可调稳压电源的使用方法如下：

（1）实验台启动之后，将直流可调稳压电源的开关打开。经过短暂的电压跳动之后，直流可调稳压电源稳定输出为 0V。

（2）电压精细调节：顺时针旋转电压调节旋钮，电压向上调节，每次约向上增加 0.01V；逆时针旋转电压调节旋钮，电压向下调节，每次约下降 0.01V。

（3）电压快速调节：向上快速调节，先顺时针旋转电压调节旋钮，然后按动该旋钮，每次上升约 0.4V，可连续按动，电压会连续上升；向下快速调节，先逆时针旋转电压调节旋钮，然后按动该旋钮，每次下降约 0.4V，可连续按动，电压会连续下降。

注意：稳压电源输出端不能短路，否则电源会自动保护，发出报警提示音，屏幕显示为"E"。

四、直流电压表使用

实验台配备的直流电压表测量范围为 0～500V，具有量程转换的智能功能。使用时，将其端子与被测电路并联，即可测量出对应支路的电压值，直接读取显示值即可，如图 2.3.4 所示。

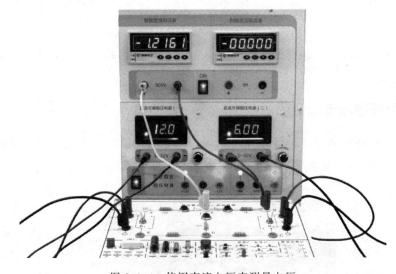

图 2.3.4　使用直流电压表测量电压

五、直流电流表使用

实验台配备的直流电流表测量范围为 0～5A，具有量程转换的智能功能。使用时，将其端子与被测电路串联，即可测量出对应支路的电流值。

为了方便操作，测量电流时要用到两种特殊的器材：电流插头与电流插座。电流插座内部为两个金属弹簧片相互接触在一起，如图 2.3.5 所示。

如果电流插座没有东西插入，弹簧片相互接触，形成导线，不会对电流造成阻碍，如图 2.3.6 所示。

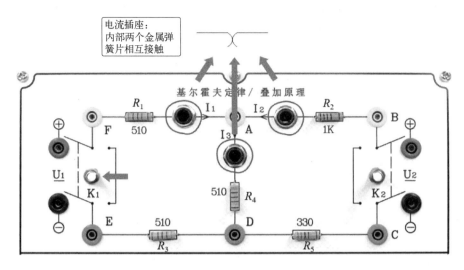

图 2.3.5　电流插座内部结构

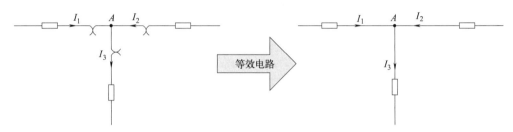

图 2.3.6　电流插座未被插入时的等效电路

电流插头如图 2.3.7 所示，它的一端可以插入电流插座中，另一端是红黑端子，需要插入电流表中。

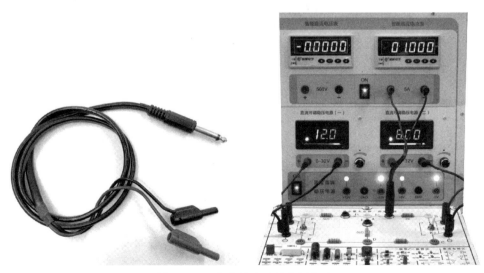

图 2.3.7　电流插头及其使用方法

因为电流插头的插入，电流插座的金属弹簧片被挤开，支路断开，而将电流表串联到支路中，从而实现了电流测量，如图 2.3.8 所示。

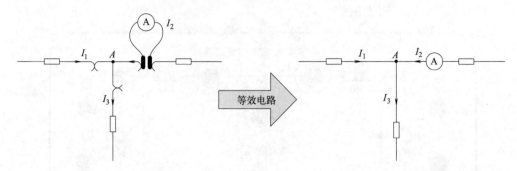

图 2.3.8 电流插头插入电流插座后的等效电路

因此，使用电流插头和电流插座，可以非常便捷地测量电路电流。

第三章

实验内容

实验一 | 基本元器件认知及应用

一、预习思考题

（1）电阻、电容、电感、二极管等基本电子元器件的测量方法是什么？

（2）写出数字万用表"三位半""四位半"概念的含义。

二、实验目的

（1）训练基本实验技能，熟悉实验台和万用表基本使用方法；

（2）学会应用已学理论，对测量出的异常数据进行分析，并提出解决方案。

三、实验设备

实验一所用设备如表 3.1.1 所示。

表 3.1.1　实验设备

序号	名称	型号与规格	数量	备注
1	双路直流可调稳压电源	0～30V 可调	1	
2	手持式数字万用表		1	
3	直流数字电压表		1	
4	直流数字电流表		1	
5	实验电路板		1	

四、相关仪器使用

本次实验使用的实验箱如图 3.1.1 所示。

实验箱分上下两部分。上面部分用于电路基本定律/定理的验证实验，下面部分是基本元器件认知区域，用于大家熟悉和识别基本的电子元器件，包括电阻、电容、电感、二极管、三极管和小规模集成电路。

五、实验内容

1. 基本元器件识别与测量

按表格读取实验箱上电阻区中电阻的标称值，如图 3.1.2 所示，并使用万用表测量它们的实际阻值，填入表 3.1.2 中。

如图 3.1.3 所示，读取实验箱上电容区 $C_{18} \sim C_{22}$、$C_{12} \sim C_{14}$ 这些电容的标称电容值、耐压值，并用万用表的电容挡测量它们的实际电容值，填入表 3.1.3 中（使用万用

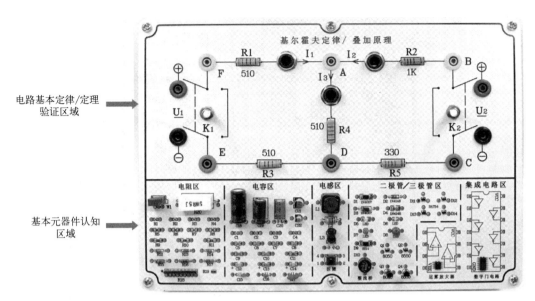

图 3.1.1 实验箱

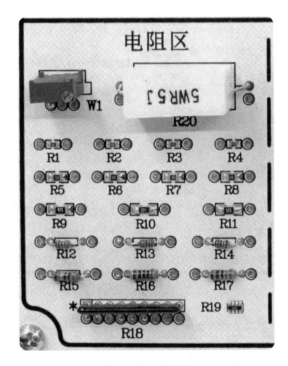

图 3.1.2 电阻区

表测量电容值时，注意电容的正负极，如果正负极弄反，可能会损坏电容）。

读取实验箱上电感区的 L_1、L_2 两个电感的电感量标称值，填入表 3.1.4 中。

如图 3.1.4 所示，读取实验箱上"二极管/三极管区"内二极管 D_1、D_3、D_5、D_7、D_9、D_{11}、D_{13} 的正向导通压降，填入表 3.1.5 中，其中 D_{11}、D_{13} 可能集成有 2 个二极管，分别测量出它们的正向导通压降。

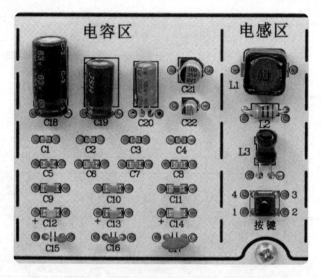

图 3.1.3　电容区和电感区

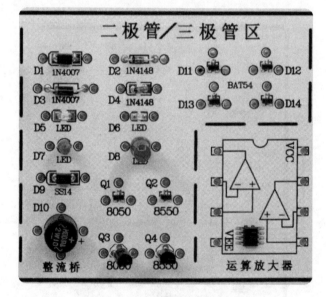

图 3.1.4　二极管/三极管区

2. 电阻的在线测量

如图 3.1.5 所示，将实验箱上半部分"基尔霍夫定律/叠加原理"部分中的开关 K_1 拨到右边，K_2 拨到左边，使用万用表测量其中 R_1、R_2、R_5 三个电阻的阻值，将测量值记录在表 3.1.6 中，并回答后面的问题。

在测量之前，先看完以下注意事项：

（1）用欧姆挡测量电阻时，应先将红黑表笔短接，此时显示的电阻值并不为 0，而是零点几欧姆，这是表笔的导线电阻和表笔间的接触电阻。在测量出元件的电阻值之后，应该减去这个值才是准确的电阻值。

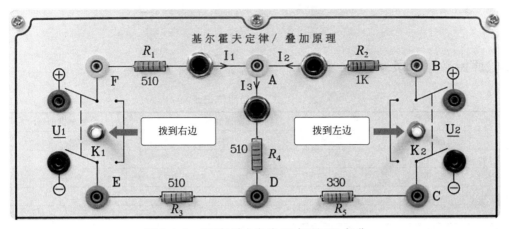

图 3.1.5 "基尔霍夫定律/叠加原理"部分

（2）测量电阻值时，要把表笔与电阻器两端用力接触，保证表笔与电阻器两端可靠连接，接触不良会造成显示屏数字跳动不稳，无法读数。

（3）测量电阻值时，电路不能上电，电阻两端不能带有电压，否则可能会烧坏万用表欧姆挡的内部电路。

姓名：_____   学号：_____   班级：_____

实验原始数据记录

表 3.1.2   电阻阻值记录

电阻	电阻标称值/Ω	电阻测量值/Ω
R_1		
R_2		
R_5		
R_6		
R_9		
R_{10}		
R_{15}		
R_{16}		
R_{20}		

表 3.1.3   电容容值记录

电容	容量标称值/μF	容量测量值/μF	耐压值/V
C_{18}			
C_{19}			
C_{20}			
C_{21}			
C_{22}			
C_{12}			
C_{13}			
C_{14}			

表 3.1.4   电感量记录

电感	电感量标称值/μH
L_1	
L_2	

表 3.1.5   二极管正向导通压降测量记录

二极管	正向导通压降/V	
D_1		
D_3		
D_5		
D_7		
D_9		
D_{11}		
D_{13}		

表 3.1.6　测量各电阻阻值记录

标称值/Ω	$R_1 = 510$	$R_2 = 1000$	$R_5 = 330$
测量值/Ω （K_1 拨到右边，K_2 拨到左边）			

课堂思考题

1. 为什么电阻测量值与标称值不一致？如何操作才能得到正确的测量值？（需要画出等效电路图，并进行计算）

2. 由上述问题可以得到什么启示？

实验二 | 验证电路基本定律（定理）

一、预习思考题

（1）用自己的语言描述对基尔霍夫定律、叠加原理、齐性定理的理解。

（2）图 3.2.1 的电路中，电压源 U_1、U_2 的电压值均可调节。开关 K_1 用于选择 F、E 两点间接入的电压是 U_1 还是 0V，而 K_2 用于选择 B、C 两点间的电压是 U_2 还是 0V。

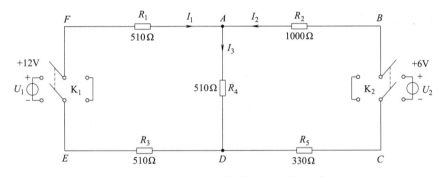

图 3.2.1　基尔霍夫定律/叠加原理电路

① 图 3.2.1 中 U_1 和 U_2 分别调为 12V 和 6V，将 K_1 拨到左边，K_2 拨到右边，计算出表 3.2.1 中的理论值，并写出详细计算过程。

表 3.2.1　基尔霍夫定律/叠加原理实验理论值

I_1/mA	I_2/mA	I_3/mA	U_{AB}/V	U_{BC}/V	U_{CD}/V	U_{DE}/V	U_{EF}/V	U_{FA}/V

② 对于图 3.2.1 的电路，如何设计方案来分别验证下面的定理：

a. 对于 A 点，验证 KCL 定律；

b. 对于回路 $ADEF$，验证 KVL 定律；

c. 验证叠加原理和齐性定理。

请写出详细的设计方案。

③ 同学小明在上面的实验中，设计了如下方案来验证：

a. 将 U_1 电压调为 12V，U_2 调为 6V，测量出了三个电流 I_1、I_2、I_3，并且测量出了四个电压 U_{FA}、U_{AD}、U_{DE}、U_{EF}。

b. 将电压 U_1 调为 12V，U_2 调为 6V，首先将 K_1 拨到左边，K_2 拨到右边，测量出各个电阻上的电压，统称为 $U_{(1)}$，以及三个电流 I_1、I_2、I_3，统称为 $I_{(1)}$；然后将 K_1 拨到右边，K_2 仍然放在右边，测量出各个电阻上的电压 $U_{(2)}$ 以及电流 $I_{(2)}$；然后再将

K_1 拨到左边，K_2 也拨到左边，测量出第三组电压 $U_{(3)}$ 和电流 $I_{(3)}$。

c. 将电压 U_1 调为 12V，U_2 调为 6V，将 K_1 拨到左边，K_2 拨到右边，测量出各个电阻上的电压，统称为 $U_{(1)}$，以及三个电流 I_1、I_2、I_3，统称为 $I_{(1)}$；然后将电压 U_1 调为 18V，U_2 调为 9V，再次测量出三组电压 $U_{(2)}$ 和电流和 $I_{(2)}$。

请问，上面三个步骤中测量出来的数据，应该满足什么关系，才能说明数据测量无误？

二、实验目的

（1）用实验数据验证基尔霍夫定律、叠加原理和齐性定理，以加深对电路基本定律（定理）的理解。

（2）加深对电路参考方向的理解。

三、实验设备

实验二所用设备如表 3.2.2 所示。

表 3.2.2　实验设备

序号	名称	型号与规格	数量	备注
1	双路直流可调稳压电源	0～30V 可调	1	
2	手持式数字万用表		1	
3	直流数字电压表		1	
4	直流数字电流表		1	
5	实验电路板		1	

四、实验内容

本次实验使用实验箱的上半部分，如图 3.2.2 所示。

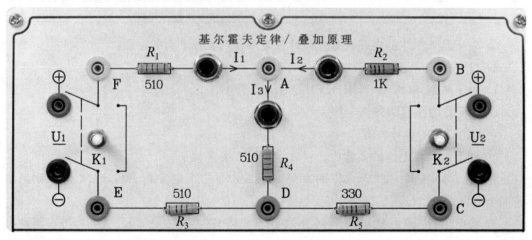

图 3.2.2　"基尔霍夫定律/叠加原理"部分

该部分的电路图如图 3.2.3 所示。

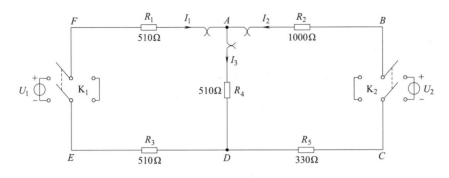

图 3.2.3　电路图

将两路直流可调稳压电源的输出分别接到实验箱上的 U_1、U_2 两组插口上，按照表 3.2.3 中所示的电压，分别测量各电流、电压值，将测量值记录在表 3.2.3 中。在测量之前先看完下面的注意事项：

（1）电源的接入：图 3.2.2 中的电路内部已经按图 3.2.3 接好，不需要再另外连接其他元件，但是实验箱本身不带电源，所以在实验中，电压源 U_1 和 U_2 需要从实验台上的直流可调稳压电源中用导线引入。

（2）电压的测量：测量电压时，比如测量 U_{AB}，要将黑表笔接 B 端，红表笔接 A 端，因为定义 $U_{AB}=U_A-U_B$。

（3）电流的测量：电流测量一定要使用电流插头和电流插座。

（4）开关 K_1、K_2 的位置：对于 K_1 开关，当它拨到左边时，代表将电压源 U_1 接入到 F、E 两点，如果拨到右边，代表 F、E 两点之间用导线短路（K_1 右边的黑色竖线，是内部导线的示意图），接入的是电压为 0 的电压源。开关 K_2 类似。因此，验证叠加定理中一个电源单独作用、另一个电源作置零处理时，只需将置零处理的电源旁的开关拨向短路侧即可，绝不是将它与直流可调稳压电源间的导线拔掉。

（5）注意导线好坏：由于导线使用时间较长，可能有些导线内部会出现断开现象而表面无法看出来，造成线路断路、测量结果不对，此时应该用万用表的通断挡来测量导线是否导通。

（6）直流稳压电源的输出端绝不允许短接，以免烧毁电源。

姓名：＿＿＿＿＿＿＿　　学号：＿＿＿＿＿＿＿　　班级：＿＿＿＿＿＿＿

实验原始数据记录

表 3.2.3　电路基本定律（定理）实验测量值

	I_1/mA	I_2/mA	I_3/mA	U_{AB}/V	U_{BC}/V	U_{CD}/V	U_{AD}/V	U_{DE}/V	U_{EF}/V	U_{FA}/V
$U_1=12V$，$U_2=6V$ 共同作用										
$U_1=12V$ 单独作用										
$U_2=6V$ 单独作用										
$U_1=18V$，$U_2=9V$ 共同作用										

课堂思考题

1. 根据表 3.2.3 中的数据，选择节点 A 验证 KCL 定律，任选一闭合回路验证 KVL 定律。

2. 根据表 3.2.3 中的数据，验证叠加原理和齐性定理是否成立。

3. 根据表 3.2.3 中的数据，判断电阻 $R_2=1k\Omega$ 所消耗的功率是否符合叠加原理，如不符合，说明原因。

4. 总结实验中遇到的问题和解决方法。

思政故事：全国道德模范、"两弹一星"元勋——程开甲

1964 年 10 月 16 日 15 时，那一声"东方巨响"响彻天际，蘑菇云腾空而起，中国第一颗原子弹爆炸试验圆满成功。

为了这一声"东方巨响"，无数科学家隐姓埋名，无私奉献。第七届全国道德模范、"两弹一星"元勋程开甲，便是其中一员。2014 年 1 月，程开甲获得国家最高科学技术奖，习近平总书记为程开甲颁发奖励证书。程开甲生前说过："常有人问我对自身价值和人生追求的看法，我说，我的目标是一切为了祖国的需要。'人生的价值在于奉献'是我的信念，正因为这样的信念，我才能将全部精力用于我从事的科研事业上。"

1946 年，程开甲被英国文化委员会科学技术史专家李约瑟博士推荐留学英国，幸运地成为诺贝尔物理学奖得主、爱丁堡大学教授玻恩的学生。然而，中华人民共和国一成立，程开甲就决定回国。不少外国同学劝他留下，对他说，"中国穷，中国落后"，等等。他当即回答："不看今天，我们看今后！"

有人说，程开甲可能是国家最高科学技术奖获得者中公开发表学术成果最少的一位，有一个数字可佐证——他献身核武器事业的 20 多年间，公开发表论文数为零。可在这 20 多年里，程开甲在技术上研究、决策、主持了包括我国首次原子弹、首次氢弹、首次两弹结合、首次地下平洞方式和首次地下竖井方式等 6 个首次在内的 30 多次核试验，获得圆满成功；科学地规划、筹建了多学科、高水平的核试验技术研究所，这个研究所获得 2000 多项科技成果奖，许多成果填补了国内空白。

程开甲是中国指挥核试验次数最多的科学家，人们称他为"核司令"。他说："我这辈子最大的心愿就是国家强起来，国防强起来。"在大漠戈壁的 20 多年，程开甲历任核试验技术研究所副所长、所长，核试验基地副司令，同时任核武器研究所副所长、研究院副院长。在他主持的一次次试验成功的背后，是严谨科学、周密细致和万无一失的安全保障，是程开甲创新拼搏和舍己奉献的精神。

干惊天动地事，做隐姓埋名人。究竟是什么让程开甲毅然回到彼时百废待兴的祖国？究竟是什么让程开甲矢志不渝开拓我国核武器事业，终身与"魔鬼"打交道？究竟是什么让程开甲隐姓埋名、呕心沥血，在绝密领域执着坚守？是以身许党报国的赤子之心，是终生为国铸盾的奋斗情怀。

一个有希望的民族不能没有英雄，一个有前途的国家不能没有先锋。初心易得，始终难守。真正的楷模，是终生不改其志、不变其节。无论时代怎样变化，程开甲都能胸怀炽烈如火的初心，迎难而上、艰苦奋斗，是当之无愧的时代英雄。

实验三 | 验证戴维南定理和诺顿定理

一、预习思考题

（1）戴维南定理是否适用于含交流信号源或受控源的线性电阻电路？

（2）计算实验电路中 U_{OC}、I_{SC} 和 R_i 的理论值。

二、实验目的

（1）进一步掌握戴维南定理和诺顿定理的含义，加深对两定理的理解。

（2）掌握线性有源一端口网络等效电路参数的一般测量方法。

三、实验原理

1. 戴维南定理和诺顿定理

通常任何一个线性含独立源的一端口网络都可以用一个电源模型来等效，此为等效电源定理。若线性含独立源一端口网络用电压源模型等效，则为戴维南定理；若线性含独立源一端口网络用电流源模型等效，则为诺顿定理。

戴维南定理指出：任何一个线性含独立源的一端口网络，都可等效为一个理想电压源 U_S 和一个内阻 R_0 相串联的电压源模型。其中理想电压源的电动势 U_S 为线性有源一端口网络的开路电压 U_{OC}，内阻 R_0 为线性有源一端口网络中所有独立电源均置零（理想电压源短路，理想电流源开路）时，所得的相应无源一端口网络的等效电阻。

诺顿定理指出：任何一个线性含独立源的一端口网络，都可等效为一个理想电流源 I_S 和一个电阻 R_0 相并联的电流源模型。其中理想电流源的电流 I_S 为线性有源一端口网络的短路电流 I_{SC}，电阻 R_0 为线性有源一端口网络中所有独立电源均置零（理想电压源短路，理想电流源开路）时，所得的相应无源一端口网络的等效电阻。

U_{OC}（U_S）和 R_0 或者 I_{SC}（I_S）和 R_0 称为有源一端口网络的等效参数。

2. 有源一端口网络等效参数的测量方法

（1）开路电压 U_{OC} 的测量。

① 直接测量法：若线性有源一端口网络的等效内阻 R_0 远低于电压表的内阻，则可直接用电压表测量其输出端的开路电压。

② 零示法：若线性有源一端口网络的等效内阻 R_0 为高电阻，则可按图 3.3.1 所示电路测量。其原理为：采用一低内阻的直流稳压电源与被测线性有源一端口网络相比较，当稳压电源的输出电压与线性有源一端口网络的开路电压相等时，电压表的读数将

为"0"，此时将电路断开，测量直流稳压电源的输出电压即为所求线性有源一端口网络的开路电压 U_{OC}。

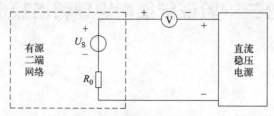

图 3.3.1　零示法测量电路

（2）短路电流 I_{SC} 的测量。将线性有源一端口网络的输出端口短路，用直流电流表直接测量其短路电流 I_{SC}。

（3）等效电阻的测量。

① 直接测量法：若线性有源一端口网络不含受控源，则只需将网络内的所有独立源置零，直接用电表测量其输出端的等效电阻即可。但此法忽略了电源内阻，会影响测量精度，且也不适用含有受控源的线性有源一端口网络。

② 外加电压法：若线性有源一端口网络含有受控源，则可将其网络内所有独立源置零，然后在端口处外加电源电压 U，并测量相应的端口电流 I，这时等效电阻 $R_0 = U/I$。此法也忽略了电源内阻，会影响测量精度。

③ 开路电压、短路电流法：首先将线性有源一端口网络输出端开路，测量其开路电压 U_{OC}，然后将其输出端短路，测量其短路电流 I_{SC}，则等效电阻 $R_0 = U_{OC}/I_{SC}$。

④ 两次电压测量法：首先测量线性有源一端口网络的开路电压 U_{OC}，然后在端口处接入已知负载 R_L，并测量负载的端电压，这时等效电阻 $R_0 = R_L(U_{OC}/U_L - 1)$。此测量方法较常用，它克服了前三种测量方法的不足。

四、实验设备

实验三所用设备如表 3.3.1 所示。

表 3.3.1　实验设备

序号	名称	型号与规格	数量	备注
1	可调直流稳压电源	0～30V	1	实验台上
2	可调直流恒流源	0～500mA	1	实验台上
3	直流电压表	0～300V	1	实验台上
4	直流电流表	0～2A	1	实验台上
5	万用表		1	
6	可调电阻箱	0～99999.9Ω	1	
7	电位器	1kΩ/2W	1	
8	戴维南定理实验电路板		1	

五、实验内容

被测有源一端口网络如图 3.3.2 所示，即 HE-12 挂箱中"戴维南定理/诺顿定理"线路，端口 A、B 为线性有源一端口网络的输出端口。

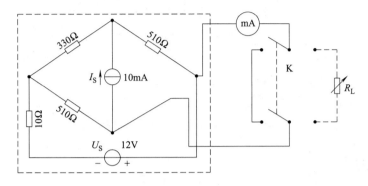

图 3.3.2　戴维南定理/诺顿定理验证电路

1. 测量线性有源一端口网络等效参数 U_{OC}，I_{SC}，R_0

在图 3.3.2 中接入稳压电源 $U_S=12V$ 和恒流源 $I_S=10mA$，不接入 R_L，利用开关 K，分别测量 U_{OC}，I_{SC}（测 U_{OC} 时不接入毫安表）并将数据记入表格 3.3.2，用开路电压、短路电流法计算出 R_0。

2. 线性有源一端网络外特性测量

在 A、B 端接入 $1k\Omega$ 可调电阻 R_L，通过调节电阻 R_L，测量 R_L 上电压 U 和流过 R_L 的电流 I。测量数据填入表 3.3.3 中，并画出此线性有源一端口网络外特性曲线。

3. 验证戴维南定理

按图 3.3.3 接线，将直流稳压源的电压值 U_S 调为步骤 1 所测值 U_{OC}，将与直流稳压源 U_S 所串联电阻 R_0 用可调电阻箱调为步骤 1 所测值。测量同步骤 2，将测量数据填入表 3.3.4 中。画出该等效电路外特性曲线，与步骤 2 比较，验证戴维南定理。

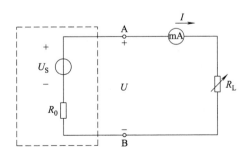

图 3.3.3　验证戴维南定理等效电路

4. 验证诺顿定理

按图 3.3.4 接线，将恒流源的电流值 I_S 调为步骤 1 所测值 I_{SC}，将与恒流源 I_S 所

并联电阻 R_0 用可调电阻箱调为步骤 1 所测值。测量同步骤 2，将测量数据填入表 3.3.5 中。画出该等效电路外特性曲线，与步骤 2 比较，验证诺顿定理。

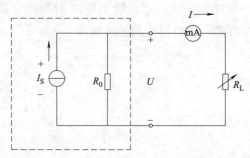

图 3.3.4　验证诺顿定理等效电路

六、注意事项

（1）用万用表欧姆挡直接测量被测电路等效电阻 R_0 时，网络内独立源必须先置零，以免损坏万用表。其次不可用万用表测量带电电阻阻值。

（2）测量时应注意电流表量程的更换。

（3）改接线路时应先关掉电源。

（4）电压源不允许短路。

（5）测量各实验电路中端口外特性时取点应均匀。

姓名：＿＿＿＿＿＿ 学号：＿＿＿＿＿＿ 班级：＿＿＿＿＿＿

实验原始数据记录

表 3.3.2 线性有源一端口网络等效参数的测量数据记录

U_{OC}/V	I_{SC}/mA	R_0/Ω

表 3.3.3 线性有源一端口网络外特性测量数据记录

U/V						
I/mA						

表 3.3.4 验证戴维南定理测量数据记录

U/V						
I/mA						

表 3.3.5 验证诺顿定理测量数据记录

U/V						
I/mA						

课堂思考题

1. 根据实验内容中步骤 2 和 3 所测得数据，画出线性有源一端口网络和戴维南等效电路的伏安特性曲线，比较两曲线以验证戴维南定理的正确性。

2. 根据实验内容中步骤 2 和 4 所测得数据，画出线性有源一端口网络和诺顿等效电路的伏安特性曲线，比较两曲线以验证诺顿定理的正确性。

3. 分析产生误差原因。

4. 写出本次实验的心得及体会。

实验四 | 用示波器测量常用参数

一、预习思考题

（1）正弦波的峰值、峰峰值、有效值有什么数量关系？

（2）如图 3.4.1 的电路中，电感 $L=10\mathrm{mH}$，信号源 u_i 是频率 $f=15\mathrm{kHz}$、峰值电压 $U_\mathrm{p}=2.5\mathrm{V}$ 的正弦波，当 R 分别为 $1\mathrm{k\Omega}$ 和 100Ω 时，求出下面的值，并写出详细计算过程。

① 电阻 R 上的电压 u_R 的频率和峰值电压；

② u_R 与输入信号 u_i 的相位差理论值。

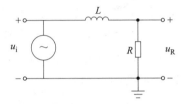

图 3.4.1 被测量电路

二、实验目的

（1）学习示波器和信号发生器的基本使用方法。

（2）掌握用示波器测量电压、电流、频率及相位差等常用参数的方法。

三、实验原理

（1）正弦交流信号和方波脉冲信号是常用的电激励信号，可由信号发生器提供。正弦交流信号的波形参数是幅值 U_m（即峰值电压 U_p，等于峰-峰值电压 $U_{\mathrm{p-p}}$ 的一半）、周期 T（或频率 f）和初相位；方波脉冲信号的波形参数是幅值 U_m、周期 T 及脉冲宽度 t_p（脉冲宽度 t_p 等于方波周期 T 的一半）。

（2）示波器是一种信号图形观测仪器，可测出电信号的波形参数。从屏幕竖直方向上可以读得电信号的幅值；从屏幕的水平方向可以读得电信号的周期、脉宽、相位差等参数。为了完成对各种不同波形、不同要求的观察和测量，示波器还有一些其他的调节和控制旋钮。

四、实验设备

实验四所用设备如表 3.4.1 所示。

表 3.4.1 实验设备

设备名称	用途
信号发生器	提供信号输出
示波器	观察信号，并测量信号参数
实验箱	

五、实验内容

1. 示波器的自检

将示波器两个通道都接到校准信号上，使用自动或者手动方式，将校准信号清晰、稳定、完整地显示在屏幕上，读出该校准信号的幅值与频率，并与标称值（3V，1kHz）作比较，如相差较大，请指导老师给予校准。

2. 测量频率

（1）调节信号发生器，使之输出频率为 1kHz，峰值电压为 3V 的正弦信号。将信号送到示波器的通道 1 输入端，调节示波器相应旋钮，使波形稳定，读出被测波形一个周期在 X 轴上的水平距离，乘以水平时基值，即为该信号的周期值，周期的倒数即为频率。将测量数据填入表 3.4.2 中，并用坐标纸记录 1.5 个周期的波形图。

（2）改变信号频率为 2kHz，重复步骤（1）。

3. 测量交流电压

（1）调节信号发生器相应旋钮，使之输出频率为 2kHz，峰值电压为 2V 的正弦信号，将此信号送到示波器通道 1，调节示波器相应旋钮，使波形稳定，读出被测波形的波峰和波谷在 Y 坐标轴上的距离，乘以电压挡位值，即为该信号的峰-峰值电压（峰值电压为峰-峰值电压的一半），算出其有效值。将测量数据填入表 3.4.3 中，并用坐标纸记录 1.5 个周期的波形图。

（2）改变信号发生器的输出电压为 3V，重复步骤（1）。

4. 测量相位差

（1）按图 3.4.2 接线，电感线圈 $L = 10\text{mH}$，$R = 1\text{k}\Omega$，信号发生器输出频率为 $f = 15000\text{Hz}$，峰值电压 $U = 2.5\text{V}$ 的正弦信号。把信号源电压及电路中的电流信号送入示波器的两个通道，测量电压电流的相位差，将测量数据填入表 3.4.4 中，并用坐标纸记录所观测的波形图。

（2）把 R 改为 100Ω 重复步骤（1）。

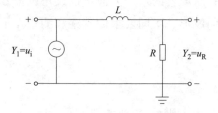

图 3.4.2 相位差测量电路图

5. 测量脉冲信号的周期、脉冲宽度及脉冲幅值

调节信号发生器相应旋钮，使之输出频率为 3kHz，脉冲幅值为 2V 的方波信号。将该方波信号送入示波器的通道 1，测量方波信号的周期、脉冲宽度及脉冲幅值，将测量数据填入表 3.4.5 中，并用坐标纸记录所观测 1.5 个周期的波形。

六、注意事项

信号发生器输出端严禁短路！

七、常见问题及解决方法

1. 示波器观察不到波形

可能的原因有：

（1）相应的通道没有开启，应该按 "CH1" 或者 "CH2" 按钮将其开启；

（2）示波器输入耦合方式设为了接地，应该改为直流耦合或者交流耦合；

（3）测试线出现接触不良，将示波器输入端接到其自带的校准信号上，看是否能够观察到波形；

（4）波形处于冻结状态，应该按 "Run/Stop" 按钮使其解冻。

2. 信号发生器的输出的形状、幅值等不受控制，与要求的不一样

信号发生器应该从 "输出 A" 输出信号，"输出 B" 无法输出想要的信号。

3. 信号发生器输出的幅值不是要求的幅值

对于信号发生器来说：当输出为正弦波时，输入的是有效值；当输出为方波时，输入的是峰值。注意换算。

姓名：_____   学号：_____   班级：_____

实验原始数据记录

表 3.4.2　频率测量数据记录

	一个周期水平距离（大格）	开关指示值/（ms/div）	周期 T/ms	频率 f/Hz
$f=1\text{kHz}$				
$f=2\text{kHz}$				

表 3.4.3　电压测量数据记录

	波峰至波谷距离（大格）	电压挡位/（V/div）	峰-峰电压/V	电压有效值/V
$U_\text{P}=2\text{V}$				
$U_\text{P}=3\text{V}$				

表 3.4.4　相位差测量数据记录

	相位差所占水平距离（大格）	一个周期水平距离（大格）	相位差	相位差理论值
$R=1\text{k}\Omega$				
$R=100\Omega$				

表 3.4.5　脉冲信号参数测量数据记录

	周期 T/ms	频率 f/Hz	脉冲宽度/ms	脉冲幅值/V
$f=3\text{kHz}$				

课堂思考题

1. 在使用示波器时，屏幕上出现图 3.4.3～图 3.4.6 的几种波形，请问这些情况是示波器的哪几个参数调节不对造成的？

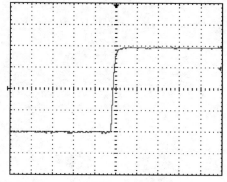

图 3.4.3　波形 1

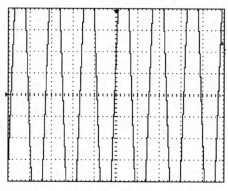

图 3.4.4　波形 2

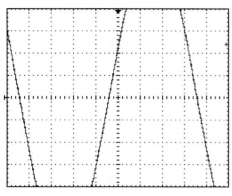

图 3.4.5　波形 3

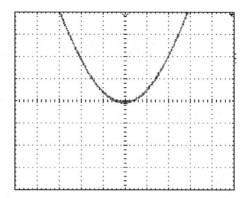

图 3.4.6　波形 4

2. 写出实验心得及体会。

思政故事：中国已建成技术最先进的 5G 网络

5G 是什么？

5G 就是第五代通信技术，主要特点是波长为毫米级，超宽带，超高速度，超低延时。1G 实现了模拟语音通信，2G 实现了语音通信数字化，3G 实现了语音以外的图片等多媒体通信，4G 实现了局域高速上网。1G～4G 着眼于人与人之间实现更方便快捷的通信，而 5G 将实现随时、随地万物互联。

我国 5G 应用现状如何？

目前，我国已建成全球规模最大、技术最先进的宽带网络基础设施。截至 2023 年 5 月底，我国累计建成并开通 5G 基站总数达 284.4 万个，覆盖所有地级市城区和县城城区。5G 移动电话用户数达 6.51 亿户，占移动电话用户的 38.1％。在融合应用方面，5G 应用已融入 97 个国民经济大类中的 60 个，应用案例数累计超 5 万个，特别是工业领域的 5G 应用已逐步深入生产经营核心环节。在技术创新方面，打造了较为完备的 5G 系统、芯片、终端、仪表等产业链条，5G 技术能力持续突破，大上行带宽、网络切片、边缘计算等能力不断提升。

5G 有什么用呢？

按主流说法，5G 应用包括自动驾驶、AI 智能、物联网等等。

如果回到 3G 的年代，看看当时的人们是如何看待 4G 的，会发现其实当时的人们跟现在的我们也抱着同样的困惑，大部分的人并不了解 4G，认为不过就是网速快了一点，甚至抱怨费用还更贵。但是五年过后，所有人都没有了这样的看法。当年的人们也对 4G 有过不少预测，比如，4G 可以看高清视频，但仅限于看电影、电视剧，没有人预料到短视频的爆发。比如，4G 有利于移动支付的普及，但当时的构想却只是手机绑定信用卡再利用 NFC 实现，没有人想到仅仅靠着网络和二维码，就实现了全国近八亿人口的"现金解放"。比如，4G 的上传速度快，可以视频直播，但当时的设想却仅限于专业新闻领域，没有人想到"全民直播"时代的来临，更没想到各种电商、外卖、打车平台的兴起。短短五年，4G 和它催生的服务深深改变了我们社会中的每一个人。人们对未来的预测都跳脱不出当下技术与思维的限制，那么 5G 时代可能比预测得更精彩。

实验五 一阶电路过渡过程的研究

一、预习思考题

（1）熟悉 RL 一阶电路在脉冲信号作用下的波形。

（2）什么样的电信号可作为 RC 一阶电路零输入响应、零状态响应和完全响应的激励信号？

（3）已知 RC 一阶电路 $R=10\mathrm{k}\Omega$，$C=0.1\mu\mathrm{F}$，试计算时间常数 τ，并根据 τ 值的物理意义，拟定测量 τ 的方案。

（4）何为积分电路和微分电路？它们必须具备什么条件？它们在方波序列脉冲的激励下，其输出信号波形的变化规律如何？这两种电路有何功用？

（5）预习要求：熟读仪器使用说明，回答上述问题，准备方格纸。

二、实验目的

（1）了解 RC、RL 微分电路和积分电路的概念。

（2）研究参数对一阶电路过渡过程的影响。

三、实验原理

1. 方波模拟阶跃输入信号

动态网络的过渡过程是十分短暂的单次变化过程。要用普通示波器观察过渡过程和测量有关的参数，就必须使这种单次变化的过程重复出现。为此，我们利用信号发生器输出的方波来模拟阶跃激励信号，即利用方波输出的上升沿作为零状态响应的正阶跃激励信号，利用方波的下降沿作为零输入响应的负阶跃激励信号。只要选择方波的重复周期远大于电路的时间常数 τ，那么电路在这样的方波序列脉冲信号的激励下，它的响应就和直流电源接通与断开的过渡过程是基本相同的。

2. 零输入响应和零状态响应

图 3.5.1 中（a）为 RC 一阶电路，（b）和（c）分别为零输入响应波形和零状态响应波形，由图 3.5.1 可看出两响应均按指数规律衰减和增长，其变化的快慢决定于电路的时间常数 τ。

3. 时间常数 τ 的测定方法

用示波器测量零输入响应的波形，如图 3.5.1（b）所示。根据一阶微分方程的求解得知 $u_{\mathrm{C}}(t)=U_{\mathrm{m}}\mathrm{e}^{-t/RC}=U_{\mathrm{m}}\mathrm{e}^{t/\tau}$。当 $t=\tau$ 时，$u_{\mathrm{C}}(\tau)=0.368U_{\mathrm{m}}$。即零输入响应波形衰减到方波幅值的 0.368 时所对应的时间就等于时间常数 τ。亦可用零状态响应波形

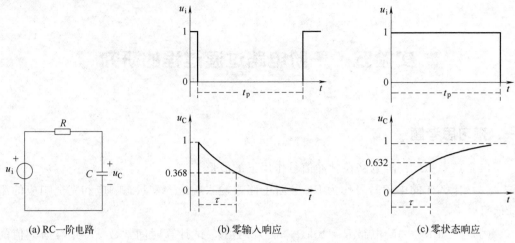

(a) RC 一阶电路　　　　(b) 零输入响应　　　　(c) 零状态响应

图 3.5.1　RC 一阶电路及其零输入响应、零状态响应

增加到 $0.632U_m$ 所对应的时间测得，如图 3.5.1（c）所示。

4. RC 微分电路

一个简单的 RC 串联电路，在方波序列脉冲的重复激励下，当满足 $\tau = RC \ll t_p = \dfrac{T}{2}$ 时（T 为方波脉冲的重复周期），且由 R 两端的电压作为响应输出，这就是一个微分电路。因为此时电路的输出电压与输入信号电压的微分成正比。如图 3.5.2 所示。利用微分电路可以将方波转变成尖脉冲。

u_i 为方波信号，由于 $\tau = RC \leqslant t_p$，电容充放电很快，除了刚开始充电或放电极短一段时间外，$u_i = u_C + u_R \approx u_C \gg u_R$，而

$$i = C\,\frac{\mathrm{d}u_C}{\mathrm{d}t} \approx C\,\frac{\mathrm{d}u_i}{\mathrm{d}t}$$

故输出

$$u_R = Ri \approx RC\,\frac{\mathrm{d}u_i}{\mathrm{d}t}$$

输出电压 u_R 与输入电压 u_i 对时间的微分近似成正比。

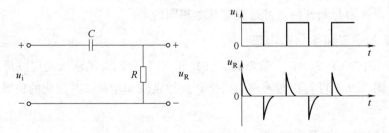

图 3.5.2　微分电路及波形

5. 积分电路

若将图 3.5.2 中的 R 与 C 位置调换一下，如图 3.5.3 所示，由电容 C 两端的电压

作为响应输出。当电路的参数满足 $\tau = RC \gg t_p$ 条件时，即称为积分电路。因为此时电路的输出电压与输入信号电压的积分成正比。利用积分电路可以将方波转变成三角波。

若把电容电压作为输出，且 $\tau = RC \gg t_p$ 时，电容的充放电速度很缓慢，可近似认为 $u_R \approx u_i$，则

$$u_C = \frac{1}{C} \int i \, dt = \frac{1}{C} \int \frac{u_R}{R} \, dt \approx \frac{1}{RC} \int u_i \, dt$$

输出电压与输入电压近似成积分关系，故称积分电路。其波形如图 3.5.3 所示。

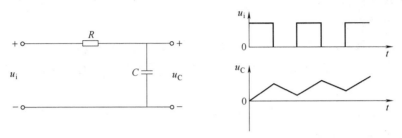

图 3.5.3　积分电路及波形

四、实验设备

实验五所用设备如表 3.5.1 所示。

表 3.5.1　实验设备

序号	名称	型号与规格	数量	备注
1	脉冲信号发生器		1	
2	双踪示波器		1	
3	动态电路实验板		1	HE-15A

五、实验内容

调节信号发生器使之输出脉冲幅值 $U_m = 3V$ 的方波信号，信号频率要求见各实验内容。

1. RC 微分电路的观察

$R = 5k\Omega$，$C = 6800pF$，$f = 1kHz$（即 $T = 1ms$，$t_p = 0.5ms$）观察并用坐标纸记录 u_i、u_R、u_C 波形，并测算出时间常数 τ。

2. 参数对 RC 微分电路过渡过程的影响

① $R = 10k\Omega$，$C = 6800pF$。

② $R = 20k\Omega$，$C = 6800pF$。

观察并用坐标纸记录 u_i、u_R、u_C 波形。

3. 参数对 RL 微分电路过渡过程的影响

① $R = 100\Omega$，$L = 10mH$，观察并用坐标纸记录 u_i、u_R、u_L 波形。

② $R=100\Omega$，$L=4.7\mathrm{mH}$，观察并用坐标纸记录 u_i、u_R、u_L 波形。

4. RC 积分电路的观察即参数对过渡过程的影响

① $R=10\mathrm{k}\Omega$，$C=0.01\mu\mathrm{F}$，$f=10\mathrm{kHz}$，观察并用坐标纸记录 u_i、u_R、u_C 波形。

② $R=15\mathrm{k}\Omega$，$C=0.01\mu\mathrm{F}$，$f=10\mathrm{kHz}$，观察并用坐标纸记录 u_i、u_R、u_C 波形。

六、注意事项

（1）示波器的灰度不宜过亮。当光点长期停留在荧光屏上不动时，应将灰度调暗，以延长示波管的寿命。

（2）使用示波器时，要特别注意开关和旋钮的操作与调节，调节旋钮时不宜过猛。

（3）调节示波器观察波形时，应注意触发方式开关和触发电平调节旋钮的配合，以保证显示波形的稳定。

（4）用示波器作定量测量时，"t/div"和"V/div"的微调旋钮必须旋至"标准"位置，以保证测量的准确度。

（5）函数信号发生器的接地端应和示波器的接地端相连（称共地），以防外界干扰信号串入。

（6）函数信号发生器对地输出端严禁短路！

七、课堂思考题

1. 根据实验观测结果，在坐标纸上绘出实验内容中所记录各波形图，总结参数变化对各过渡过程的影响。

2. 根据实验观测结果，归纳、总结 RC 积分电路和微分电路的形成条件，阐明波形变换的特征。

3. 写出实验心得及体会。

实验六 | 二阶电路过渡过程的研究

一、预习思考题

（1）根据二阶电路实验电路的参数，计算出处于临界阻尼状态 R_2 的数值。

（2）试说明 $\frac{1}{R} < 2\sqrt{\frac{C}{L}}$ 时，电路过渡过程呈衰减振荡的内在原因，并说明能量转换关系。

（3）计算电路的固有振荡频率 ω_0 及欠阻尼状态下的衰减常数 δ 和振荡频率 ω。

二、实验目的

（1）学习用实验的方法来研究二阶动态电路的响应，了解电路参数对响应的影响。

（2）观察、分析二阶电路响应的三种状态轨迹及其特点，以加深对二阶电路响应的认识与理解。

三、实验原理

简单而典型的二阶电路是一个 RLC 串联电路和 GCL 并联电路，这二者之间存在着对偶关系。本实验仅对 GCL 并联电路进行研究。

当 $\frac{1}{R} > 2\sqrt{\frac{C}{L}}$ 时，过渡过程是非振荡性的，称为过阻尼状态。

当 $\frac{1}{R} < 2\sqrt{\frac{C}{L}}$ 时，过渡过程是振荡性的，称欠阻尼状态。

当 $\frac{1}{R} = 2\sqrt{\frac{C}{L}}$ 时，是上面两种性质的分界，称为临界阻尼状态。

用示波器观察欠阻尼状态的输出波形 u_o，如图 3.6.1 所示，其衰减系数 δ 和电路振荡角频率 ω 的测算方法如下：

$$\omega = 2\pi/T', \quad \delta = \frac{1}{T'}\ln\frac{u_{m_1}}{u_{m_2}}$$

四、实验设备

实验六所用设备如表 3.6.1 所示。

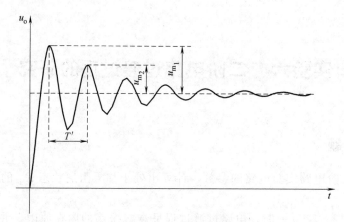

图 3.6.1　输出波形

表 3.6.1　实验设备

序号	名称	型号与规格	数量	备注
1	脉冲信号发生器		1	实验台上
2	双踪示波器		1	
3	动态电路实验板		1	HE-15A

五、实验内容

利用动态电路板中的元件与开关的配合作用，组成如图 3.6.2 所示的 GCL 并联电路。令 $R_1 = 10\text{k}\Omega$，$L = 4.7\text{mH}$，$C = 1000\text{pF}$，R_2 为 $10\text{k}\Omega$ 可调电阻。令信号发生器输出为 $U_m = 1.5\text{V}$，$f = 1\text{kHz}$ 的方波脉冲，通过同轴电缆接至图 3.6.2 中的激励端，同时用同轴电缆将激励信号 u_i 和响应输出信号 u_o 接至双踪示波器的 Y_1 和 Y_2 两个输入端口。

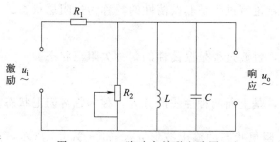

图 3.6.2　二阶动态并联电路图

（1）调节可变电阻器 R_2 的值，观察二阶电路的零输入响应和零状态响应由过阻尼过渡到临界阻尼状态，最后过渡到欠阻尼状态的过渡过程，分别定性地描绘、记录响应波形。

（2）调节 R_2 使示波器荧光屏上呈现稳定的欠阻尼响应波形，定量测定此时电路的衰减常数 δ 和振荡频率 ω。

（3）改变一组电路参数，如增、减 L 或 C 之值，重复步骤②，并记录到表 3.6.2。

随后仔细观察，改变电路参数时 ω 与 δ 的变化趋势，并记录到表 3.6.2。

六、注意事项

（1）示波器的 Y_1 和 Y_2 输入端是共地的，在测量时，两输入端口的接地端应接于同一点。

（2）调节 R_2 时，要细心、缓慢，临界阻尼状态要找准。

（3）观察双踪时，显示要稳定，如不同步，则可采用外同步法触发（看示波器说明）。

姓名：_____ 学号：_____ 班级：_____

实验原始数据记录

表 3.6.2 电路的衰减常数 δ 和振荡频率 ω 的测量数据记录

电路参数\ 实验次数	元作参数				测量值	
	R_1	R_2	L	C	δ	ω
1	10kΩ	调	4.7mH	1000pF		
2	10kΩ	至 欠	4.7mH	0.01μF		
3	30kΩ	阻 尼	4.7mH	0.01μF		
4	10kΩ	态	10mH	0.01μF		

课堂思考题

1. 根据观测结果，在坐标纸上描绘二阶电路过阻尼、临界阻尼和欠阻尼状态的响应波形。

2. 测算欠阻尼振荡状态时的 δ 与 ω。

3. 归纳、总结电路参数的改变对响应变化趋势的影响。

4. 写出实验心得及体会。

思政故事：柯晓宾，躬耕毫厘之间，守护中国高铁"神经元"

扯断一根头发的力度大约为 1800mN，手工调整片弹簧结构的触片只有这个力道的十分之一，为将力道控制得足够精准，八零后信号继电器调整女工柯晓宾精益求精，不断锻炼自己。

柯晓宾是中国通号西安工业集团沈信公司电器中心调整三班班长，先后获得"中央企业青年岗位能手""中央企业技术能手""全国技术能手""火车头奖章""全国劳动模范"等荣誉称号，2017 年当选党的十九大代表，2022 年当选党的二十大代表。

高铁纵横奔驰，展现了令人瞩目的"中国速度"。如果把信号控制系统比作高铁的"中枢神经系统"，应用于全路线数以千万计的继电器则是支撑这个中枢系统有效工作的"神经元"，是高铁安全高效运行的"守护神"。19 年来，柯晓宾默默坚守在平凡岗位上，追求职业技能的完美和极致，在京沪高铁、青藏铁路、哈大高铁等多条高铁线上贡献青春与智慧，用传承、创新和担当诠释着"大国工匠"精神。

"坚持做一件事情，把一件事情做到极致，做到最好。"这是柯晓宾 2020 年荣获全国劳动模范称号时的获奖感言，也是她职业生涯的座右铭。

初入岗位，柯晓宾曾经历过自己调试的产品被检测退回的窘境。在师傅崔宝华的鼓励和教导下，她一有时间就揣摩手法，一个动作要练几十遍甚至上百遍。由于长期的训练和工作，她的食指比另外几个手指都要粗。半年后，柯晓宾成为同期第一个上线、独立生产的信号调整工。

十几年里，柯晓宾不仅在调整手法上日臻完善，成为调整线上的"领头雁"，而且通过经验积累和思考总结，连续推出独创性的调整工艺和作业指导方法，在信号继电器调整领域掀起了一股传承和创新之风。世界知名继电器生产企业西屋公司的专家来厂参观时看到柯晓宾的调整手法，连声惊呼"China miracle"（中国奇迹）。哈工大专家对这个技艺娴熟、动手能力超强的姑娘印象深刻，称她为"柯教授"。

"继电器没有 100% 完美的产品，但我们要努力去追求 100% 的完美。"对柯晓宾来说，"大国工匠"内蕴深远，大到一个国家、一个时代的精神气韵，小到一名普通工人一丝不苟的工作态度，都需要全身心投入学习和忘我奉献。

2017 年 12 月，由 16 名一线职工组成的柯晓宾劳模创新工作室成立。几年里，柯晓宾带领团队通过多种载体形式，不断创新项目、持续攻关，攻克生产难题 29 项，提高了产品质量，为企业创造经济效益。

柯晓宾说自己是幸运的，作为一名铁路工人，赶上了我国高铁领跑全球发展的新时代，并且能身处一线作出应有的贡献，实现人生价值，成就无悔青春。未来的征途上，柯晓宾会带着她的"娘子军"团队继续前行，守护中国高铁。

实验七 | RLC 串联电路谐振现象的研究

一、预习思考题

（1）根据实验电路板给出的元件参数值，计算各电路的谐振频率值。

（2）改变电路的哪些参数可以使电路发生谐振，电路中 R 的阻值是否影响谐振频率值？

（3）如何判别电路是否发生谐振？测试谐振点的方案有哪些？

（4）电路发生串联谐振时，为什么输入电压不能太大？如果信号源给出 3V 的电压，电路谐振时，用交流毫伏表测 U_C 和 U_L，根据实验电路板给出的元件参数值，计算各电路应该选择用多大的量程。

（5）要提高 R、L、C 串联电路的品质因数，电路参数应如何改变？

二、实验目的

（1）学习用实验的方法绘制 RLC 串联电路的幅频特性曲线。

（2）理解电路发生谐振的条件、特点，掌握电路品质因数（电路 Q 值）的物理意义及其测定方法。

（3）学习并掌握交流毫伏表的用法。

三、实验原理

1. RLC 串联电路谐振

在如图 3.7.1 所示的 RLC 串联电路中，当正弦交流信号源 U_i 的频率 f 改变时，电路中的容抗、感抗将随之改变，同时电路中的电流也随 f 改变。取电阻 R 上的电压 U_o 作为响应，当输入电压 U_i 的幅值维持不变时，在不同频率的信号激励下，测出 U_o 的值，然后以 f 为横坐标，以 U_o/U_i 为纵坐标（因 U_i 不变，故也可直接以 U_o 为纵坐标），绘出光滑的曲线，即为幅频特性曲线，亦称谐振曲线，如图 3.7.2 所示。

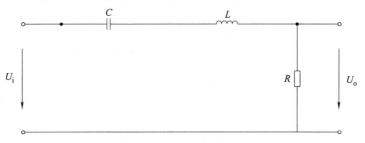

图 3.7.1 RLC 串联电路

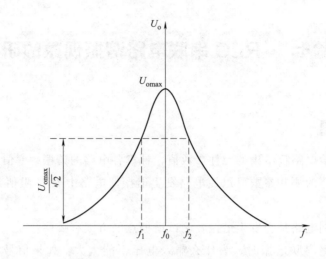

图 3.7.2　谐振曲线

在 $f=f_0=\dfrac{1}{2\pi\sqrt{LC}}$ 处，即幅频特性曲线尖峰所对应的频率点称为谐振频率。此时有 $X_L=X_C$，电路呈纯阻性，电路阻抗的模最小。在输入电压 U_i 为定值时，电路中的电流达到最大值，且与输入电压 U_i 同相位。谐振时，由于 $\omega_0=\dfrac{1}{\sqrt{LC}}$，则 $\omega_0 L=\dfrac{1}{\omega_0 C}=\sqrt{\dfrac{L}{C}}=\rho$，$\rho$ 称为串联谐振电路的特性阻抗。ρ 与回路电阻 R 的比值称为谐振回路的品质因素 Q，$Q=\dfrac{\omega_0 L}{R}=\dfrac{1}{R}\sqrt{\dfrac{L}{C}}$，可用于衡量谐振电路的性能。从理论上讲，此时 $U_i=U_R=U_o$，$U_C=U_L=QU_i$。

2. 电路品质因数 Q 值的两种测量方法

一种方法是根据公式 $Q=\dfrac{U_C}{U_o}=\dfrac{U_L}{U_o}$ 测定，U_C 与 U_L 分别为谐振时电容 C 和电感 L 上的电压；另一方法是通过测量谐振曲线的通频带宽度 $\Delta f=f_2-f_1$，再根据 $Q=\dfrac{f_0}{f_2-f_1}$ 求出 Q 值。式中 f_0 为谐振频率，f_2 和 f_1 是失谐（即输出电压的幅值下降到最大值的 $1/\sqrt{2}\approx0.707$）时的上、下限频率点。Q 值越大，曲线越尖锐，通频带越窄，电路的选择性越好。在恒压源供电时，电路的品质因数、选择性与通频带只取决于电路本身的参数，而与信号源无关。

四、实验设备

实验七所用设备如表 3.7.1 所示。

表 3.7.1　实验设备

序号	名称	型号与规格	数量	备注
1	函数信号发生器		1	实验台上
2	交流毫伏表	$0\sim600\mathrm{V}$	1	实验台上
3	双踪示波器		1	
4	频率计		1	
5	谐振电路实验电路板	$R_1=200\Omega,R_2=1\mathrm{k}\Omega,$ $C_1=0.01\mu\mathrm{F},C_2=0.1\mu\mathrm{F},$ $L\approx30\mathrm{mH}$	1	HE-15A

五、实验内容

（1）利用 HE-15A 实验箱上的"R、L、C 串联谐振电路"，按图 3.7.1 组成测量电路。选 $R_1=200\Omega$，$C_1=0.01\mu\mathrm{F}$。用交流毫伏表测量电压，用示波器监控信号源输出。令信号源输出电压 $U_\mathrm{i}=3\mathrm{V}$ 保持不变。

（2）找出电路的谐振频率 f_0，其方法是，将毫伏表接在电阻 R 两端，令信号源的频率由小逐渐变大（注意要维持信号源的输出电压幅值不变），当 U_o 的读数为最大时，读得频率计上的频率值即为电路的谐振频率 f_0，并测量 U_C 与 U_L 之值（注意及时更换毫伏表的量程），记录于表 3.7.2 中。

（3）在谐振频率两侧，按频率递增或递减 500Hz 或 1kHz 的规律，依次各取 8 个测量点，逐点测出 U_o、U_C、U_L 之值，也记录于表 3.7.2 中。

（4）选 $R_2=1\mathrm{k}\Omega$，$C_1=0.01\mu\mathrm{F}$，重复步骤（2）、（3）的测量过程，将数据记录于表 3.7.3 中。

（5）再选 $R_1=200\Omega$，$C_2=0.1\mu\mathrm{F}$ 及 $R_2=1\mathrm{k}\Omega$，$C_2=0.1\mu\mathrm{F}$，分别重复（2）、（3）两步骤（自制表格）。

六、注意事项

（1）测试频率点的选择应在靠近谐振频率附近多取几点（按 500Hz 间隔取点）。在变换频率后测试数据前，应调整信号输出幅值（用示波器监视输出幅值），使其维持在 3V。

（2）测量 U_C 和 U_L 数值前，应将毫伏表的量程改大，而且在测量 U_C 与 U_L 时毫伏表的信号端（红夹子）接电容 C 与电感 L 的公共点，其接地端（黑夹子）分别触及电容 C 和电感 L 的近地端 $\mathrm{N_1}$ 和 $\mathrm{N_2}$。

（3）实验中，信号源的外壳应与毫伏表的外壳绝缘（不共地）。如能用浮地式交流毫伏表测量，则效果更佳。

姓名：＿＿＿＿＿＿＿＿　　学号：＿＿＿＿＿＿＿＿　　班级：＿＿＿＿＿＿＿＿

实验原始数据记录

表 3.7.2　取 $R_1 = 200\Omega$、$C_1 = 0.01\mu F$ 时的数据记录表

f/kHz										
U_o/V										
U_L/V										
U_C/V										
$U_i = 3V, R_1 = 200\Omega, C_1 = 0.01\mu F, f_0 =$　　　　　,$U_C =$　　　　　,$U_L =$										

表 3.7.3　取 $R_2 = 1k\Omega$，$C_1 = 0.01\mu F$ 时的数据记录表

f/kHz										
U_o/V										
U_L/V										
U_C/V										
$U_i = 3V, R_2 = 1k\Omega, C_1 = 0.01\mu F, f_0 =$　　　　　,$U_C =$　　　　　,$U_L =$										

课堂思考题

1. 根据测量数据，绘出不同 Q 值时三条幅频特性曲线，即：$U_o = f(f)$，$U_C = f(f)$，$U_L = f(f)$，同一 Q 值时的三条幅频特性曲线绘在同一坐标轴上。

2. 计算出通频带与 Q 值，说明不同 R 值对电路通频带与品质因数的影响。

3. 对两种不同的测 Q 值的方法进行比较，分析误差原因。

4. 谐振时，比较输出电压 U_o 与输入电压 U_i 是否相等，对应的 U_C 与 U_L 是否相等？如有差异，试分析原因。

5. 通过本次实验，总结、归纳串联谐振电路的特性。

6. 写出实验心得及体会。

实验八 | 最大功率传输的研究

一、预习思考题

（1）电力系统进行电能传输时为什么不能工作在匹配工作状态？

（2）实际应用中，电源的内阻是否随负载而变？

（3）电源电压的变化对最大功率传输的条件有无影响？

二、实验目的

（1）掌握负载获得最大传输功率的条件。

（2）了解电源输出功率与效率的关系。

三、实验原理

1. 电源与负载功率的关系

图 3.8.1 所示为由一个电源向负载输送电能的模型，R_0 可视为电源内阻和传输线路电阻的总和，R_L 为可变负载电阻。

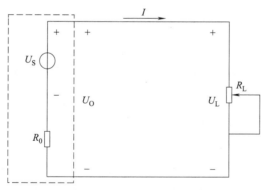

图 3.8.1　电源向负载输送电能的模型

负载 R_L 上消耗的功率 P 可由式（3.8.1）表示。

$$P = I^2 R_L = \left(\frac{U_S}{R_0 + R_L} \right)^2 R_L \qquad 式（3.8.1）$$

当 $R_L = 0$ 或 $R_L = \infty$ 时，电源输送给负载的功率均为零。而不同的 R_L 值代入上式可求得不同的 P 值，其中必有一个 R_L 值，使负载能从电源处获得最大的功率。

2. 负载获得最大功率的条件

根据数学求最大值的方法，令负载功率表达式中的 R_L 为自变量，P 为因变量，并

使 $dP/dR_L=0$，由式（3.8.2）表示。

$$\frac{dP}{dR_L}=\frac{[(R_0+R_L)^2-2R_L(R_0+R_L)]U_S^2}{(R_0+R_L)^4}=0 \qquad 式（3.8.2）$$

令 $(R_0+R_L)^2-2R_L(R_0+R_L)=0$，即可求得最大功率传输的条件，由式（3.8.3）表示。

$$R_L=R_0 \qquad 式（3.8.3）$$

当满足 $R_L=R_0$ 时，负载从电源获得的最大功率为 P_{MAX}，由式（3.8.4）表示。

$$P_{MAX}=\left(\frac{U_S}{R_0+R_L}\right)^2 R_L=\left(\frac{U_S}{2R_L}\right)^2 R_L=\frac{U_S^2}{4R_L} \qquad 式（3.8.4）$$

这时，称此电路处于匹配工作状态。

3. 匹配工作状态的特点及应用

在电路处于匹配工作状态时，电源本身要消耗一半的功率，此时电源的效率只有 50%。显然，此状态在电力系统的能量传输过程中是绝对不允许出现的。发电机的内阻很小，电路传输的最主要目的是要高效率送电，最好是将 100% 的功率都传送给负载。为此负载电阻应远大于电源的内阻，即不允许电路运行在匹配状态。而在电子技术领域里却完全不同。一般的信号源本身功率较小，且都有较大的内阻。而负载电阻（如扬声器等）往往是较小的定值，且希望能从电源处获得最大的功率输出，而电源的效率往往不予考虑。通常设法改变负载电阻，或者在信号源与负载之间加阻抗变换器（如音频功放的输出级与扬声器之间的输出变压器），使电路处于匹配工作状态，以使负载能获得最大的输出功率。

四、实验设备

实验八所用设备如表 3.8.1 所示。

表 3.8.1 实验设备

序号	名称	型号规格	数量	备注
1	直流电流表	0～2A	1	实验台上
2	直流电压表	0～300V	1	实验台上
3	直流稳压电源	0～30V	1	实验台上
4	实验箱		1	HE-11A
5	元件箱		1	HE-19

五、实验内容

（1）利用相关元件及实验台上的电流插座，参照图 3.8.1 接线。图 3.8.1 中的电源 U_S 接直流稳压电源，负载 R_L 取自元件箱 HE-19 的电阻箱。

（2）开启稳压电源开关，调节其输出电压为 10V，之后关闭该电源，通过导线将其输出端接至实验线路 U_S 两端。

（3）设置 $R_0 = 100\Omega$，开启稳压电源，用直流电压表按表 3.8.2 中的内容进行测量，即令 R_L 在 0～1kΩ 范围内变化时，分别测出 U_O、U_L 及 I 的值，并填入表 3.8.2 中。表中 U_O、P_O（$P_O = U_O \times I$）分别为稳压电源的输出电压和功率，U_L、P_L（$P_L = U_L \times I$）分别为 R_L 两端的电压和功率，I 为电路的电流。

（4）改变内阻为 $R_0 = 300\Omega$，输出电压 $U_S = 15V$，重复上述测量过程并将数据计入表 3.8.2 中。

六、注意事项

（1）实验前要了解智能直流电压表、电流表的使用与操作方法。

（2）测试点应包含最大功率传输点数据，并可在最大功率传输点附近多测几处。

姓名： _____   学号： _____   班级： _____

实验原始数据记录

表 3.8.2 最大功率传输数据记录表（单位：R/Ω，U/V，I/mA，P/W）

	R_L			$1k\Omega$	∞
$U_S = 10V$	U_O				
$R_{01} = 100\Omega$	U_L				
	I				
	P_O				
	P_L				
	R_L			$1k\Omega$	∞
$U_S = 15V$	U_O				
$R_{02} = 300\Omega$	U_L				
	I				
	P_O				
	P_L				

课堂思考题

1. 整理实验数据，分别画出两种不同内阻下的下列各关系曲线：

$U_O \sim R_L$，$U_L \sim R_L$，$I \sim R_L$，$P_O \sim R_L$，$P_L \sim R_L$

2. 根据实验结果，说明负载获得最大功率的条件是什么？

思政故事：走近 2021 年全国教书育人楷模——郝跃

郝跃是西安电子科技大学教授、中国科学院院士，是我国微电子学专家，为我国氮化物第三代半导体电子器件步入国际领先行列作出了重要贡献。但他最钟爱的始终是三尺讲台，把立德树人作为毕生追求，长期奋斗在人才培养第一线，倾尽心血为国家培养集成电路领域创新型人才。

面对集成电路的"锁喉之痛"和我国集成电路领域巨大的人才缺口，郝跃深知，要改变现实不能仅凭一己之力，必须要打造一支队伍，一个群体，一个集团军。在郝跃的培育和影响下，一批批学生将个人成长与国家发展紧密融合，很多毕业生成为行业翘楚和相关领域的领军人物。

多年来，郝跃言传身教，以科研育人为导向，打造了一支"雁阵"引领、接续奋斗的教师团队。"芯系国家"团队被评为学校最美教师团队，微电子学院本科生"红色朝阳班"育人品牌推广至全校 11 所学院和书院。团队培养的学生毕业后在各行各业表现突出，60 余人成长为国内知名科研院所骨干。

40 年里，郝跃瞄准国际前沿换道超车，主攻第三代半导体器件与材料研究方向，带领团队成员潜心研究，换来我国第三代半导体从核心设备、材料生长到器件研制的重大创新，使我国氮化物第三代半导体电子器件步入国际领先行列。团队在氮化镓领域专利申请量全球第一，应用于新型相控阵雷达、北斗导航、5G 移动通信等国家重大工程中。深紫外 LED 等一批科技成果实现经济效益达 45 亿元。

郝跃坚信，"只有持续拓展和扩大集成电路人才培养版图，才能缓解中国'缺芯少魂'的窘境"。在他的推动下，学校获批建设第三代半导体领域唯一的国家工程研究中心，入选国家集成电路产教融合创新平台，已成为人才培养、科研引领、服务产业发展的典型示范。

实验九 | 单相交流电路元件等效参数的测定

一、预习思考题

（1）将一只铁芯线圈接入 50Hz 交流电路中，测得其有功功率 P、电流 I 和电压 U，如何计算其电阻值和电感量？

（2）某电感线圈，其直流电阻为 70Ω，电感为 1H，能承受的最大功率为 40W，能否将其接入 220V 50Hz 交流电路中？能否将其接入 220V 直流电路中？为什么？请用计算来说明。

二、实验目的

（1）掌握用交流电压表、电流表和功率表测量元件的交流电路等效参数的方法。

（2）掌握功率表的接法和使用方法。

（3）掌握自耦调压器的使用方法。

三、实验原理

（1）正弦交流信号激励下的元件值或阻抗值，可以用交流电压表、电流表及功率表分别测量出元件两端的电压 U、流过该元件的电流 I 和它所消耗的功率 P，然后通过计算得到所求的值，这种方法称为三表法，是测量 50Hz 交流电路元件等效参数的基本方法。

计算的基本公式为：

① 阻抗的模 $|Z| = \dfrac{U}{I}$；

② 电路的功率因数 $\cos\varphi = \dfrac{P}{UI}$；

③ 等效电阻 $R = \dfrac{P}{I^2} = |Z|\cos\varphi$；

④ 等效电抗 $X = |Z|\sin\varphi$；

⑤ 电容的容抗 $X_C = \dfrac{1}{2\pi f C}$；

⑥ 电感的感抗 $X_L = 2\pi f L$。

（2）本实验所用的功率表为实验台上的智能交流功率表，其电压接线端应与负载并联，电流接线端应与负载串联。

四、实验设备

实验九所用设备如表 3.9.1 所示。

表 3.9.1　实验设备

序号	名称	型号与规格	数量	备注
1	交流电压表	0~500V	1	实验台上
2	交流电流表	0~5A	1	实验台上
3	交流功率表		1	实验台上
4	自耦调压器		1	实验台上
5	电感线圈	30W 日光灯配用	1	HE-16
7	电容器	1μF,500V/4.7μF,500V	1/1	HE-16
8	白炽灯	25W,220V	3	HE-17

五、实验内容

（1）按图 3.9.1 接线，并经指导教师检查后，方可接通电源。

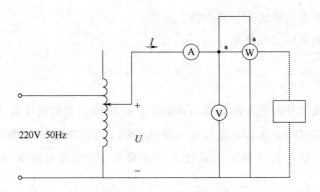

图 3.9.1　单相交流电路元件等效参数的测定电路

（2）分别测量 25W 白炽灯（R）、30W 日光灯镇流器（L）和 $4.7\mu F$ 电容器（C）的等效参数。将测量数据记录于表 3.9.2 中。

（3）测量 L、C 串联与并联后的等效参数。将测量数据也记录于表 3.9.2 中。

六、注意事项

（1）本实验直接用 220V 交流电源供电，实验中要特别注意人身安全，不可用手直接触摸通电线路的裸露部分，以免触电，进实验室应穿绝缘鞋。

（2）自耦调压器在接通电源前，应将其旋柄置在零位上，调节时，使其输出电压从零开始逐渐升高。每次改接实验线路、换拨开关及实验完毕后，都必须先将其旋柄慢慢调回零位，再断电源。必须严格遵守这一安全操作规程。

（3）实验前应详细阅读智能交流功率表的使用说明书，熟悉其使用方法。

姓名：＿＿＿＿＿＿＿　　学号：＿＿＿＿＿＿＿　　班级：＿＿＿＿＿＿＿

实验原始数据记录

表 3.9.2　单相交流电路中元件等效参数的测量数据记录

被测阻抗	测量值				计算值		电路等效参数		
	U/V	I/A	P/W	$\cos\phi$	Z/Ω	$\cos\phi$	R/Ω	L/mH	$C/\mu F$
25W 白炽灯 R									
30W 日光灯镇流器 L									
4.7μF 电容器 C									
L 与 C 串联									
L 与 C 并联									

注："测量值"在课堂上测出，"计算值"和"电路等效参数"在课后实验报告中计算得出。

课堂思考题

1. 根据实验数据，完成各项计算，写出详细计算过程，计算等效 L 和 C 时，如果元件呈容性，就不用计算电感，而如果呈感性，就不用计算电容。

2. 测得的数据中，为什么 L 单独作为负载，和 L、C 并联作为负载测得的功率是一样的？为什么两种情况下电流不一样？为什么 C 单独作为负载测得的功率为 0，而电流不为 0？据此说明提高功率因数在实际生产中有何重要意义？

3. 总结实验过程中遇到的问题和解决方法。

实验十 | 功率因数的提高

一、预习思考题

（1）查阅资料，了解日光灯的启辉原理。

（2）在日常生活中，当日光灯上缺少了启辉器时，人们常用一根导线将启辉器的两端短接一下，然后迅速断开，使日光灯点亮；或用一支启辉器去点亮多支同类型的日光灯，这是为什么？（HE-16 实验箱上有短接按钮，可用它代替启辉器做一下试验。）

（3）为了提高电路的功率因数，常在感性负载上并联电容器，此时增加了一条电流支路，试问电路的总电流是增大还是减小，此时感性元件上的电流和功率是否改变？

（4）提高线路功率因数为什么只采用并联电容器法，而不用串联法？所并联的电容器是否越大越好？

二、实验目的

（1）研究正弦稳态交流电路中电压、电流相量之间的关系。

（2）掌握日光灯线路的接线方式。

（3）理解改善电路功率因数的意义并掌握其方法。

三、实验原理

（1）在单相正弦交流电路中，用交流电流表测得各支路的电流值，用交流电压表测得回路各元件两端的电压值，它们之间的关系满足相量形式的基尔霍夫定律，即 $\sum I = 0$ 和 $\sum U = 0$。

（2）图 3.10.1 所示的 RC 串联电路，在正弦稳态信号 U 的激励下，U_R 与 U_C 保持有 90°的相位差，即当 R 阻值改变时，U_R 的相量轨迹是一个半圆。U、U_C 与 U_R 形成一个直角形的电压三角形，如图 3.10.2 所示。R 值改变时，可改变 φ 的大小，从而达到移相的目的。

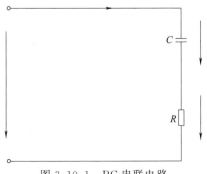

图 3.10.1 RC 串联电路

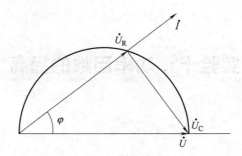

图 3.10.2   RC 串联电路相量图

（3）日光灯线路如图 3.10.3 所示，图中 R 是日光灯管，L 是镇流器，S 是启辉器，C 是补偿电容器，用以改善电路的功率因数（$\cos\phi$）。

有关日光灯的工作原理请自行翻阅有关资料。

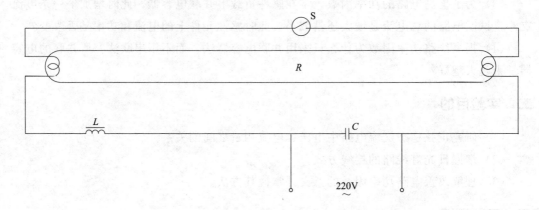

图 3.10.3   日光灯线路原理图

四、实验设备

实验十所用设备如表 3.10.1 所示。

表 3.10.1   实验设备

序号	名称	型号与规格	数量	备注
1	交流电压表	0～500V	1	实验台上
2	交流电流表	0～5A	1	实验台上
3	交流功率表		1	实验台上
4	自耦调压器		1	实验台上
5	镇流器、启辉器	与 30W 灯管配用	1/1	HE-16
6	日光灯灯管	30W	1	实验台上
7	电容器	$1\mu F,500V/2.2\mu F,500V/4.7\mu F,500V$	1/1/1	HE-16
8	白炽灯及灯座	220V,25W	1～3	HE-17
9	电流插座		3	实验台上

五、实验内容

1. 验证电压三角形关系

按图 3.10.1 接线。R 为 220V、25W 的白炽灯，电容器为 4.7μF，500V。经指导教师检查后，接通实验台电源，将自耦调压器输出（即 U）调至 220V。记录 U、U_R、U_C 于表 3.10.2 中，验证电压三角形关系。

2. 日光灯线路的接线与测量

利用 HE-16 实验箱中"30W 日光灯实验器件"、实验台上与 30W 日光灯灯管连通的插孔及相关器件，按图 3.10.4 接线。

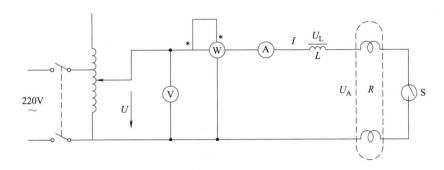

图 3.10.4　日光灯线路接线图

经指导教师检查后接通实验台电源，调节自耦调压器的输出，使其输出电压缓慢增大，直到日光灯刚启辉点亮为止，将三表的指示值记录于表 3.10.3 中。然后将电压调至 220V，测量功率 P，电流 I，电压 U、U_L、U_A 等参数，也记录于表 3.10.3 中，验证电压、电流相量关系。

3. 并联电路——电路功率因数的改善

利用实验台上的电流插座，按图 3.10.5 连接实验线路。

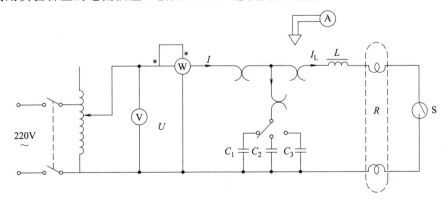

图 3.10.5　电路功率因数的改善电路

经指导老师检查后，接通实验台电源，将自耦调压器的输出调至 220V，记录功率表，电压表读数。通过一只电流表和三个电流插座分别测得三条支路的电流，改变电容值，进行三次重复测量，将测量值记录于表 3.10.4 中。

六、注意事项

（1）本实验使用 220V 交流电，务必注意用电和人身安全。

（2）功率表要正确接入电路，读数时要注意量程和实际读数的折算关系。

（3）线路接线正确，日光灯不能启辉时，应检查启辉器及与其接触是否良好。

姜 名：＿＿＿＿＿＿＿＿　　学 号：＿＿＿＿＿＿＿＿　　班 级：＿＿＿＿＿＿＿＿

实验原始数据记录

表 3.10.2　验证电压三角形关系的数据表

测量值			计算值		
U/V	U_R/V	U_C/V	U'（与 U_R、U_C 组成 Rt△） （$U'=\sqrt{U_R^2+U_C^2}$）	$\Delta U=U'-U/V$	$\Delta U/U$

表 3.10.3　日光灯线路数据表

工作状态	测量值						计算值	
	P/W	$\cos\phi$	I/A	U/V	U_L/V	U_A/V	R/Ω	$\cos\phi$
启辉值								
正常工作值								

表 3.10.4　电路功率因数的改善测量数据表

电容值/μF	测量数值						计算值	
	P/W	$\cos\phi$	U/V	I/A	I_L/A	I_C/A	I/A	$\cos\phi$
0								
1								
2.2								
4.7								

课堂思考题

1. 完成数据表格中的计算，进行必要的误差分析。
2. 根据实验数据，分别绘出电压、电流相量图，验证相量形式的基尔霍夫定律。
3. 讨论改善电路功率因数的意义和方法。
4. 写出装接日光灯线路的心得体会。

思政故事：与"Wintel 体系"对标的中国架构——"PK 体系"

PK 体系是什么？

英文字母 P 代表"Phytium 处理器"，是中国电子自主设计兼容 ARMV8 指令集的处理器芯片产品。英文字母 K 代表"Kylin 操作系统"，它支持云计算、虚拟化、大数据等先进应用，并与飞腾 CPU 深度适配。"PK 体系"是一个基础的、先进的、开放的架构组合。"PK 体系"是国家级网络安全核心体系，是技术创新体系＋商业模式的综合体，对标 Windows＋Intel 体系。

"PK 体系"源自湖南长沙的国防科技大学在研发"银河系"超级计算机的过程中的 CPU 和操作系统技术积累。由中国电子牵头，联合天津滨海新区、国防科技大学先后成立了天津飞腾和天津麒麟两家公司，分别承担飞腾 CPU 和麒麟操作系统的商业化任务。

2019 年 12 月 29 日，中国电子在海南自贸港首次面向公众和产业界正式发布《PK 体系标准（2019 年版）》及《PKS 安全体系》，由体系到体系标准出炉仅仅用时两年，迈出了我国网信产业领域从核心技术到产业发展的关键一步。

"PK 体系"立足中国国产安全，面向全球开放联合，聚集国内外优势资源，合力构建开放创新的网信产业生态环境，致力于为全球合作伙伴提供多样化的选择，推动 ARM 架构在企业网、物联网、云计算、大数据等领域的应用。目前，中国电子 PK 体系已成功应用于政府信息化、电力、金融、能源等多个行业领域，并同政、产、学、研密切合作，联合攻关，推进建设中国计算机产业大生态。

实验十一 │ 三相交流电路电压、电流的测量

一、预习思考题

（1）三相负载根据什么条件作星形或三角形连接？

（2）复习三相交流电路有关内容，试分析三相不对称负载星形连接在无中线情况下，当某相负载开路或短路时会出现什么情况？如果接上中线，情况又如何？

（3）本次实验中为什么要通过三相调压器将 380V 的市电线电压降为 220V 的线电压使用？

二、实验目的

（1）掌握三相负载作星形连接、三角形连接的方法，验证这两种接法下线、相电压及线、相电流之间的关系。

（2）充分理解三相四线制供电系统中中线的作用。

三、实验原理

（1）三相负载可接成星形（又称"Y"接）或三角形（又称"△"接）。当三相对称负载作星形连接时，线电压 U_L 是相电压 U_p 的 $\sqrt{3}$ 倍。线电流 I_L 等于相电流 I_p，即

$$U_L = \sqrt{3}\,U_p, \ I_L = I_p$$

在这种情况下，流过中线的电流 $I_0 = 0$，故中线可以省去。由三相三线制电源供电，无中性线的星形连接称为 Y 接法。

当对称三相负载作△形连接时，有 $I_L = \sqrt{3}\,I_p$，$U_L = U_p$。

（2）不对称三相负载作星形连接时，必须采用三相四线制接法，称为 Y_0 接法。而且中线必须牢固连接，以保证三相不对称负载的每相电压维持对称不变。

倘若中线断开，会导致三相负载电压的不对称，致使负载轻的那一相的相电压过高，使负载遭受损坏。负载重的一相相电压又过低，使负载不能正常工作。尤其是对于三相照明负载，无条件地一律采用 Y_0 接法。

（3）当不对称负载作△形连接时，$I_L \neq \sqrt{3}\,I_p$，但只要电源的线电压 U_L 对称，加在三相负载上的电压仍是对称的，对各相负载工作没有影响。

四、实验设备

实验十一所用设备如表 3.11.1 所示。

表 3.11.1　实验设备

序号	名称	型号与规格	数量	备注
1	交流电压表	0～500V	1	实验台上
2	交流电流表	0～5A	1	实验台上
3	万用表		1	
4	三相自耦调压器		1	实验台上
5	三相灯组负载	220V,25W 白炽灯	9	HE-17
6	电流插座		3	实验台上

五、实验内容

1. 三相负载星形连接（三相四线制供电）

按图 3.11.1 所示线路连接实验电路。即三相灯组负载经三相自耦调压器接通三相对称电源。将三相调压器的旋柄置于输出为 0V 的位置（即逆时针旋到底）。经指导教师检查合格后，方可开启实验台电源，然后调节调压器的输出，使输出的三相线电压为 220V，并按表 3.11.2 所列内容完成各项实验，分别测量三相负载的线电压、相电压、线电流、相电流、中线电流、电源与负载中点间的电压。将所测得的数据记录于表 3.11.2 中，并观察各相灯组亮暗的变化程度，特别要注意观察中线的作用。

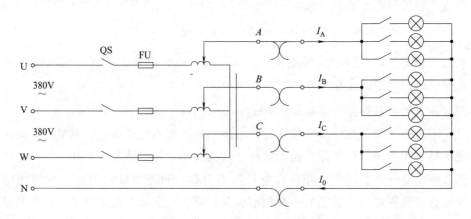

图 3.11.1　三相负载星形连接

2. 三相负载三角形连接（三相三线制供电）

按图 3.11.2 改接线路，经指导教师检查合格后接通三相电源，并调节调压器，使其输出线电压为 220V，并按表 3.11.3 的内容进行测试。

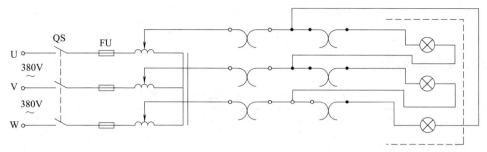

图 3.11.2 三相负载三角形连接

六、注意事项

（1）本实验采用三相交流市电，线电压为 380V，应穿绝缘鞋进实验室。实验时要注意人身安全，不可触及导电部件，防止意外事故发生。

（2）每次接线完毕，应自查一遍，然后由指导教师检查后，方可接通电源，必须严格遵守先断电、再接线、后通电，先断电、后拆线的实验操作原则。

（3）负载星形连接作短路实验时，必须先断开中线，以免发生短路事故。

（4）为避免烧坏灯泡，HE-17 实验箱内设有过压保护装置。当任一相电压大于 250V 时，立即声光报警并跳闸。因此，在做 Y 接不对称负载或缺相实验时，所加线电压应以最高相电压小于 240V 为宜。

姓名：＿＿＿＿＿＿＿　　学号：＿＿＿＿＿＿＿　　班级：＿＿＿＿＿＿＿

实验原始数据记录

表 3.11.2　三相负载星形连接数据记录表

实验内容	开灯盏数			线电流/A			线电压/V			相电压/V			中线电流 I_0 /A	中点电压 U_{N0} /V
负载情况	A—B相	B—C相	C—A相	I_A	I_B	I_C	U_{AB}	U_{BC}	U_{CA}	U_{A0}	U_{B0}	U_{C0}		
Y_0 接平衡负载														
Y 接平衡负载														
Y_0 接不平衡负载														
Y 接不平衡负载														
Y_0 接B相断开														
Y 接B相断开														
Y 接B相短路														

表 3.11.3　三相负载三角形连接数据记录表

实验内容	开灯盏数			线电压＝相电压/V			线电流/A			相电流/A		
负载情况	A—B相	B—C相	C—A相	U_{AB}	U_{BC}	U_{CA}	I_A	I_B	I_C	I_{AB}	I_{BC}	I_{CA}
三相对称负载	3	3	3									
三相不对称负载	1	2	3									

课堂思考题

1. 用实验测得的数据验证对称三相电路中的 $\sqrt{3}$ 关系。

2. 用实验数据和观察到的现象，总结三相四线制供电系统中中线的作用。

3. 三角形连接的不对称负载，能否正常工作？实验是否能证明这一点？

4. 据不对称负载三角形连接时的相电流作相量图，并求出线电流，然后与实验测得的线电流作比较并分析。

5. 写出实验心得及体会。

实验十二 | 三相交流电路功率的测量

一、预习思考题

（1）简述二瓦特表法测量三相电路有功功率的原理。

（2）测量功率时为什么电路中通常都接有电流表和电压表？

二、实验目的

（1）掌握用一瓦特表法、二瓦特表法测量三相电路有功功率的方法。

（2）进一步熟练掌握功率表的接线和使用方法。

三、实验原理

（1）对于三相四线制供电的三相星形连接的负载（即 Y_0 接法），可用一只功率表测量各相的有功功率 P_A、P_B、P_C，则三相功率之和（$\sum P = P_A + P_B + P_C$）即为三相负载的总有功功率，这就是一瓦特表法，如图 3.12.1 所示。若三相负载是对称的，则只需测量一相的功率，再乘以 3 即得三相总有功功率。

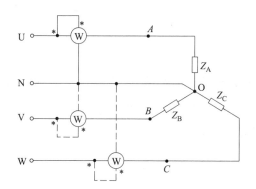

图 3.12.1 一瓦特表法测功率

（2）三相三线制供电系统中，不论三相负载是否对称，也不论负载是 Y 接还是△接，都可用二瓦特表法测量三相负载的总有功功率。测量线路如图 3.12.2 所示。若负载为感性或容性，且当相位差 $\phi > 60°$ 时，线路中的一只功率表指针将反偏（数字式功率表将出现负读数），这时应将功率表电流线圈的两个端子调换（不能调换电压线圈端子），其读数应记为负值。而三相总功率 $\sum P = P_1 + P_2$（P_1、P_2 本身不含任何意义）。

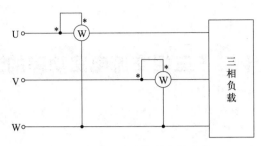

图 3.12.2   二瓦特表法测功率

四、实验设备

实验十二所用设备如表 3.12.1 所示。

表 3.12.1   实验设备

序号	名称	型号与规格	数量	备注
1	交流电压表	0~500V	2	实验台上
2	交流电流表	0~5A	2	实验台上
3	交流功率表		2	实验台上
4	万用表		1	
5	三相自耦调压器		1	实验台上
6	三相灯组负载	220V,25W 白炽灯	9	HE-17
7	电容	$1\mu F,500V/2.2\mu F,500V/4.7\mu F, 500V$	1/1/1	HE-16

五、实验内容

1. 用一瓦特表法测定三相对称负载 Y_0 接以及不对称负载 Y_0 接的总功率

实验按图 3.12.3 线路接线。线路中的电流表和电压表用以监测该相的电流和电压，不要超过功率表电压和电流的量程。

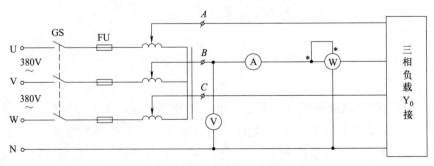

图 3.12.3   一瓦特表法测功率电路图

经指导教师检查后，接通三相电源，调节调压器输出，使输出线电压为 220V，按表 3.12.2 的要求进行测量及计算。

首先将三只表按图 3.12.3 接入 B 相进行测量，然后分别将三只表换接到 A 相和 C相，再进行测量。

2. 用二瓦特表法测定三相负载的总功率

（1）按图 3.12.4 接线，将三相灯组负载 Y 接。

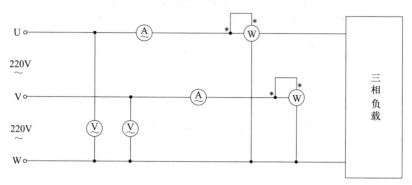

图 3.12.4　二瓦特表法测功率电路图

经指导教师检查后，接通三相电源，调节调压器的输出线电压为 220V，按表3.12.3 的内容进行测量。

（2）将三相灯组负载△接，重复（1）的测量步骤，数据记入表 3.12.3 中。

六、注意事项

每次实验完毕，均需将三相调压器旋柄调回零位。每次改变接线方式，均需断开三相电源，以确保人身安全。

姓名：＿＿＿＿＿＿　　学号：＿＿＿＿＿＿　　班级：＿＿＿＿＿＿

实验原始数据记录

表 3.12.2　一瓦特表法测功率数据记录表

负载情况	开灯盏数			测量数据			计算值
	A 相	B 相	C 相	P_A/W	P_B/W	P_C/W	$\sum P$/W
Y_0 接对称负载	3	3	3				
Y_0 接不对称负载	1	2	3				

表 3.12.3　二瓦特表法测功率数据记录表

负载情况	开灯盏数			测量数据		计算值
	A 相	B 相	C 相	P_1/W	P_2/W	$\sum P$/W
Y 接平衡负载	3	3	3			
Y 接不平衡负载	1	2	3			
△接不平衡负载	1	2	3			
△接平衡负载	3	3	3			

课堂思考题

1. 完成数据表格中的各项测量和计算任务，比较一瓦特表和二瓦特表法的测量结果。

2. 总结、分析三相电路功率测量的方法与结果。

3. 写出实验心得及体会。

思政故事：中国龙芯

2001 年 5 月，在中国科学院计算技术研究所（简称中国科学院计算所）知识创新工程的支持下，龙芯课题组正式成立，一群满腔热血的知识青年下定决心要做中国自主研发的 CPU。2002 年 8 月 10 日诞生的"龙芯一号"是我国首枚拥有自主知识产权的通用高性能微处理芯片。从 2001 年到 2010 年，课题组在国家 4 个多亿的经费支持下，完成了近十年的技术积累。2010 年，在中国科学院和北京市政府共同牵头出资支持下，龙芯开始市场化运作，对龙芯处理器研发成果进行产业化。此时，这支优秀的设计团队成员，从中国科学院计算所加入公司，开始了从零开始、从研发走向产业化的痛苦转型历程。即使走了许多弯路，他们仍然耐得住寂寞，挡得住诱惑，受得了委屈，在长期坚持中，迎来曙光。2015 年销售收入首次破亿元，首次实现了盈亏平衡。2015 年 3 月 31 日，中国发射首枚使用"龙芯"的北斗卫星。龙芯资本的"接力棒"，从中央资本、地方资本、社会资本到公众资本，只有中国才有这样的支持。通用处理器是关系到国家命运的战略产业之一，其发展直接关系到国家技术创新能力，关系到国家安全，是国家的核心利益所在。目前，龙芯系列产品在电子政务、能源、交通、金融、电信、教育等行业领域已获得广泛应用。

实验十三 互感同名端及互感参数的测定

一、预习思考题

（1）用直流法判断同名端时，可否根据 S 断开瞬间毫安表指针的正、反偏来判断同名端？如果可以，简述判断方法。

（2）本实验用直流法判断同名端是用插、拔铁芯时观察电流表的正、负读数变化来确定的（应如何确定？），这与实验原理中所叙述的方法是否一致？

二、实验目的

（1）学会互感电路同名端、互感系数以及耦合系数的测定方法。

（2）了解两个线圈相对位置的改变以及用不同材料作线圈芯时对互感的影响。

三、实验原理

1. 判断互感线圈同名端的方法

（1）直流法。如图 3.13.1 所示，当开关 S 闭合瞬间：若毫安表的指针正偏，则可断定"1""3"为同名端；若指针反偏，则"1""4"为同名端。

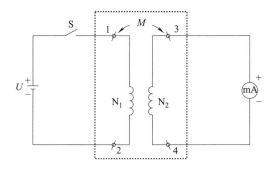

图 3.13.1 直流法判断互感线圈同名端

（2）交流法。如图 3.13.2 所示，将两个绕组 N_1 和 N_2 的任意两端（如 2、4 端）连在一起，在其中的一个绕组（如 N_1）两端加一个低电压，另一绕组（如 N_2）开路，用交流电压表分别测出端电压 U_{13}、U_{12} 和 U_{34}。若 U_{13} 是两个绕组端电压之差，则 1、3 是同名端；若 U_{13} 是两绕组端电压之和，则 1、4 是同名端。

2. 两线圈互感系数 M 的测定

在图 3.13.2 的 N_1 侧施加低压交流电压 U_1，测出 I_1 及 U_2。根据互感电势 $E_{2M} \approx$

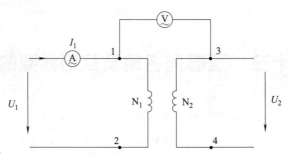

图 3.13.2　交流法判断互感线圈同名端

$U_{20} = \omega M I_1$，可算得互感系数为 $M = \dfrac{U_2}{\omega I_1}$。

3. 耦合系数 k 的测定

两个互感线圈耦合松紧的程度可用耦合系数 k 来表示：$k = M / \sqrt{L_1 L_2}$。

如图 3.13.2，先在 N_1 侧加低压交流电压 U_1，测出 N_2 侧开路时的电流 I_1；然后再在 N_2 侧加电压 U_2，测出 N_1 侧开路时的电流 I_2，求出各自的自感 L_1 和 L_2，即可算出 k 值。

四、实验设备

实验十三所用设备如表 3.13.1 所示。

表 3.13.1　实验设备

序号	名称	型号与规格	数量	备注
1	直流电压表	0～300V	1	实验台上
2	直流电流表	0～2A	2	实验台上
3	交流电压表	0～500V	1	实验台上
4	交流电流表	0～5A	1	实验台上
5	空心互感线圈	N_1 为大线圈 N_2 为小线圈	1 对	
6	自耦调压器		1	实验台上
7	直流稳压电源	0～30V	1	实验台上
8	电阻器	30Ω,8W/510Ω,8W	1/1	HE-19
10	粗、细铁棒、铝棒		1	
11	变压器	220V,36V	1	HE-18

五、实验内容

本实验需使用 HE-18 实验箱上的"铁芯变压器"线路的部件。

（1）用直流法和交流法测定互感线圈的同名端。

① 直流法。实验线路如图 3.13.3 所示。先将 N_1 和 N_2 两线圈的四个接线端子编

以 1、2、3、4 号。将 N_1、N_2 同心式套在一起，并插入细铁棒。U 为可调直流稳压电源，调至 10V。N_2 侧直接接入 2mA 量程的毫安表。将铁棒迅速地拔出和插入，观察毫安表读数正、负的变化，来判定 N_1 和 N_2 两个线圈的同名端。

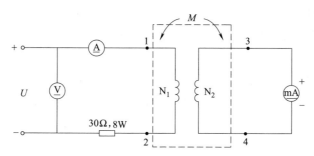

图 3.13.3　直流法判断互感线圈同名端电路图

② 交流法。本方法中，由于加在 N_1 上的电压仅 2V 左右，直接用实验台上的调压器很难调节，因此采用图 3.13.4 的线路来扩展调压器的调节范围。图 3.13.4 中 W、N 为实验台上的自耦调压器的输出端，B 为 HE-18 实验箱上的铁芯变压器，此处作降压用。将 N_2 放入 N_1 中，并插入铁棒。A 为 2.5A 以上量程的电流表，N_2 侧开路。

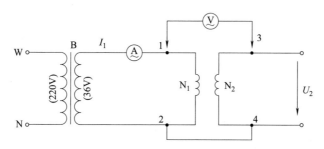

图 3.13.4　交流法判断互感线圈同名端电路图

（2）接通电源前，应首先检查自耦调压器是否调至零位，确认后方可接通交流电源。令自耦调压器输出 12V 左右的电压。使流过电流表的电流小于 1.4A，然后用交流电压表测量 U_{13}、U_{12}、U_{34}，判定同名端。

拆去端子 2、4 间导线，并将端子 2、3 相接，重复上述步骤，判定同名端。

（3）拆除端子 2、3 间导线，测 U_1、I_1、U_2，计算出 M。

（4）将变压器 B 输出的低压交流电改接在 N_2 侧，N_1 侧开路，按步骤（2）测出 U_2、I_2、U_1。

（5）用万用表的 R×1 挡分别测出 N_1 和 N_2 线圈的电阻值 R_1 和 R_2，计算 K 值。

（6）观察互感现象。在图 3.13.4 中，令自耦调压器输出 12V 左右的电压，将交流电压表接于 N_2 端。

① 将铁棒慢慢地从两线圈中拔出和插入，观察交流电压表读数的变化并记录。

② 将两线圈改为并排放置，并改变其间距，以及分别或同时插入铁棒，观察交流电压表读数并记录。

③ 改用铝棒替代铁棒，重复①、②的步骤，观察交流电压表的变化，记录现象。

六、注意事项

（1）整个实验过程中，注意流过线圈 N_1 的电流不得超过 1.4A，流过线圈 N_2 的电流不得超过 1A。

（2）测定同名端及其他测量数据的实验中，都应将小线圈 N_2 套在大线圈 N_1 中，并插入铁棒。

（3）做交流试验前，首先要检查自耦调压器，保证旋柄置于零位。因实验时加在 N_1 上的电压只有 2～3V，因此调节时要特别仔细、小心，要随时观察电流表的读数，不得超过规定值。

七、课堂思考题

（1）总结对互感线圈同名端、互感系数的实验测试方法。

（2）自拟测试数据表格，完成计算任务。

（3）解释实验中观察到的互感现象。

（4）写出实验心得及体会。

实验十四 | 磁化曲线测量

一、预习思考题

基本磁化曲线和磁滞回线的关系是什么？

二、实验目的

（1）学习动态磁化曲线和磁滞回线的测量方法。

（2）研究磁路的非线性特征，认识铁磁物质的磁化规律和动态磁化特性。

（3）学习磁路实验的基本方法，测定样品的基本磁化曲线，作 B—H 曲线。

三、实验原理

铁磁物质是一种性能特异、用途广泛的材料。铁、钴、镍及其众多合金以及含铁的氧化物（铁氧体）均属铁磁物质。其特征是在外磁场作用下能被强烈磁化，故磁导率 μ 很高。另一特征是磁滞，即外磁场作用停止后，铁磁物质仍保留磁化状态。图 3.14.1 为铁磁物质的磁感应强度 B 与磁场强度 H 之间的关系曲线。

图中的原点 o 表示磁化之前铁磁物质处于磁中性状态，即 $B=H=0$，当磁场 H 从零开始增加时，磁感应强度 B 随之缓慢上升，如线段 Oa 所示。继之 B 随 H 迅速增长，如 ab 段所示。其后 B 的增长又趋于缓慢，并当 H 增至 H_S 时，B 到达饱和值 B_S。$OabS$ 称为起始磁化曲线。图 3.14.1 表明，当磁场从 H_S 逐渐减小至零时，磁感应强度 B 并不沿起始磁化曲线恢复到 "O" 点，而是沿另一条曲线 SR 下降。比较线段 OS 和 SR 可知，H 减小时，B 也相应减小，但 B 的变化滞后于 H 的变化，这种现象称为磁滞。磁滞的明显特征是当 $H=0$ 时，B 不为零，而保留剩磁 B_r。

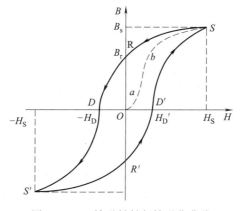

图 3.14.1 铁磁材料起始磁化曲线

当磁场反向从 0 逐渐变至 $-H_D$ 时，磁感应强度 B 消失，由此说明，要消除剩磁，必须施加反向磁场。H_D 称为矫顽力，它的大小反映铁磁材料保持剩磁状态的能力，线段 RD 称为退磁曲线。

图 3.14.1 还表明，当磁场按 $H_S \rightarrow 0 \rightarrow -H_D \rightarrow -H_S \rightarrow 0 \rightarrow H_{D'} \rightarrow H_S$ 次序变化时，相应的磁感应强度 B 沿闭合曲线 $SRDS'R'D'S$ 变化，此闭合曲线称为磁滞回线。所以，当铁磁材料处于交变磁场中时（如变压器中的铁芯），将沿磁滞回线反复被磁化→去磁→反向磁化→反向去磁。在此过程中要消耗额外的能量，并以热的形式从铁磁材料中释放，这种损耗称为磁滞损耗，可以证明，磁滞损耗与磁滞回线所围面积成正比。

当初始状态为 $H = 0$、$B = 0$ 的铁磁材料，在交变磁场强度由弱到强变化中依次进行磁化，可以得到面积由小到大向外扩张的一簇磁滞回线，如图 3.14.2 所示。这些磁滞回线顶点的连线称为铁磁材料的基本磁化曲线。由此曲线可近似确定其磁导率 μ。因 B 与 H 的关系为非线性，故铁磁材料的 μ 不是常数，而是随 H 变化（如图 3.14.3 所示）。铁磁材料的相对磁导率可高达数千乃至数万，这一特点是它用途广泛的主要原因之一。

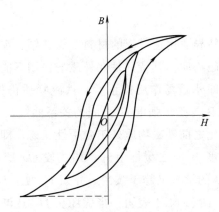

图 3.14.2 同一铁磁材料的磁滞回线

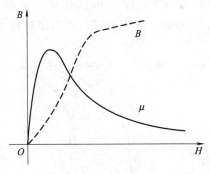

图 3.14.3 铁磁材料 μ

磁化曲线和磁滞回线是对铁磁材料进行分类和选用的主要依据。图 3.14.4 为常见的两种典型的磁滞回线。其中软磁材料的磁滞回线狭长，矫顽力、剩磁和磁滞损耗均较小，是制造变压器、电机和交流磁铁的主要材料。而硬磁材料的磁滞回线较宽，矫顽力和剩磁均较大，可用来制造永磁体。

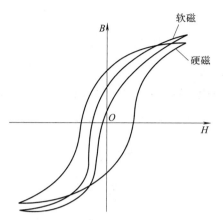

图 3.14.4　不同铁磁材料的磁滞回线

观察和测量磁滞回线和基本磁化曲线的电路如图 3.14.5 所示。

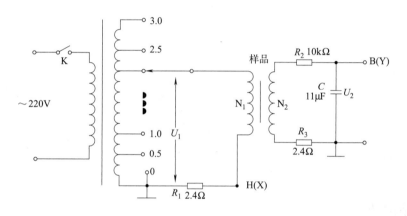

图 3.14.5　实验电路

被测样品为 EI 型矽钢片，N 为励磁绕组 N_1 的匝数，n 为测量磁感应强度 B 而设置的绕组 N_2 的匝数。R_1 为励磁电流取样电阻。设通过 N_1 的交流励磁电流为 i，根据安培环路定律，样品的磁化场强度为 $H=iN/L$，L 为样品的平均磁路。则：

$$i=\frac{U_1}{R_1}$$

$$H=\frac{N}{LR_1}\cdot U_1=K_1U_1,\left(K_1=\frac{N}{LR_1}\right)$$

式中的 N、L、R_1 均为已知常数，所以由 U_1 可确定 H。

在交变磁场作用下，样品的磁感应强度瞬时值 B 是由测量绕组 N_2 和 R_2C_2 电路给定的，根据法拉第电磁感应定律，由于样品中磁通 Φ 的变化，在测量线圈中产生的感生电动势的大小为：

$$e=n\frac{\mathrm{d}\Phi}{\mathrm{d}t}$$

$$\varPhi = \frac{1}{n}\int e\,\mathrm{d}t$$

$$B = \frac{\varPhi}{S} = \frac{1}{nS}\int e\,\mathrm{d}t$$

其中，S 为样品的截面积。

如果忽略自感电动势和电路损耗，则回路方程为 $e = i_2 R_2 + u_2$，式中 i_2 为感生电流，u_2 为积分电容 C_2 两端电压。设在 Δt 时间内，i_2 向电容 C_2 的充电电量为 Q，则

$$U_2 = \frac{Q}{C_2}$$

$$e = i_2 R_2 + \frac{Q}{C_2}$$

如果选取足够大的 R_2 和 C_2，使 $i_2 R_2 \gg \dfrac{Q}{C_2}$，则 $e = i_2 R_2$。

$$i_2 = \frac{\mathrm{d}q}{\mathrm{d}t} = C_2\,\frac{\mathrm{d}u_2}{\mathrm{d}t}$$

$$e = C_2 R_2\,\frac{\mathrm{d}u_2}{\mathrm{d}t}$$

$$B = \frac{C_2 R_2}{nS}U_2 = K_2 U_2,\ \left(K_2 = \frac{C_2 R_2}{nS}\right)$$

上式中 C_2、R_2、n 和 S 均为已知常数。所以由 U_2 可确定 B。

综上所述，将图 2.14.5 中的 u_1 和 u_2 分别加到示波器的"X 输入"和"Y 输入"端，便可观察样品的 $B—H$ 曲线。

四、实验设备

实验十四所用设备如表 3.14.1 所示。

表 3.14.1　实验设备

序号	名称	型号与规格	数量	备注
1	磁滞回线的观测电路		1	HE-18
2	双踪示波器		1	

五、实验内容

1. 实验线路

采用 HE-18 实验箱"磁滞回线的观测"电路。由于 $H = K_1 U_1$，$B = K_2 U_2$，故 U_1、U_2 的值即反映了 H、B 的大小。将"降压选择"旋钮置于零位。U_1 和 U_2 分别接示波器的"X 输入"和"Y 输入"端，X 输入"地"端接 A 点，Y 输入"地"端接 B 点。

2. 样品退磁

开启降压变压器电源，对试样进行退磁，即转动"降压选择"旋钮，令 U 从 0 增至 3V，然后再从 3V 降为 0，其目的是消除剩磁，确保样品处于磁中性状态，即 $B=0$、$H=0$，如图 3.14.6 所示。

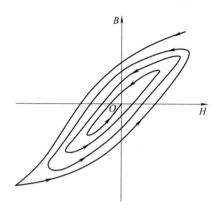

图 3.14.6　退磁曲线示意图

3. 观察磁滞回线

开启示波器电源，令光点位于坐标网格中心，令 $U=2.2\text{V}$，并分别调节示波器 x 轴和 y 轴的灵敏度，使显示屏上出现图形大小合适的磁滞回线。若图形顶部出现如图 3.14.7 所示的畸变小环，这时可降低励磁电压 U 予以消除。

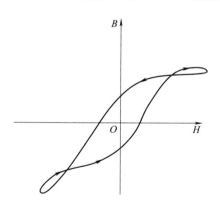

图 3.14.7　U 和 B 的相位差等因素引起的畸变

4. 观测基本磁化曲线

按步骤 2 对样品进行退磁后，从 $U=0$ 开始，逐挡提高励磁电压，将在显示屏上得到面积由小到大、一个套一个的一簇磁滞回线。这些磁滞回线顶点的连线就是样品的基本磁化曲线。借助示波器读出每一个磁滞回线两个顶点处的 U_1、U_2 值，将数据记录于表 3.14.2 中。

六、注意事项

（1）为了使示波器安全且显示波形正确，在测试磁滞回线时，电源的地线应与示波器的"地"端相接（用试电笔找出地线）。

（2）变压器原边、副边线圈一定不要接反。

姓名：＿＿＿＿＿＿　　学号：＿＿＿＿＿＿　　班级：＿＿＿＿＿＿

实验原始数据记录

表 3.14.2　基本磁化曲线测量数据表

U/V	U_1/V		U_2/V		U_2/U_1	
	右上	左下	右上	左下	右上	左下
0.5						
1.0						
1.2						
1.5						
1.8						
2.0						
2.2						
2.5						
2.8						
3.0						

课堂思考题

1. 根据测量的数据（U_2 和 I_1）作出 $B—H$ 动态磁化曲线。并按要求计算出 I_1 值。

2. 整理滋滞回线，并将端点连成基本磁化曲线（大致形状）。

思政故事：为"聪明"地铁设计中国"脑"

武汉地铁5号线，在国内首次实现108个全自动场景应用，首次彻底取消司机驾驶室，是目前国内最"聪明"的地铁。为武汉地铁5号线设计中国"脑"的，正是中国铁建的设计团队。

2016年，武汉启动地铁5号线建设。中铁第四勘察设计院（以下简称铁四院）设计团队深入地铁车辆段，调研地铁运营全流程。启动、运行、进站停车、开关门、故障处置……通过观察、记录一个又一个场景，再协同各专业商讨，设计对应的全自动解决方案。

历时3年反复论证，铁四院设计团队终于完成了城市轨道交通全自动运行《运营需求规范》《功能需求规范》和《接口需求规范》（以下简称《需求规范》）。108个应用场景、1086条功能需求，合计数十万字，详尽描述了地铁全自动运行所有场景和设计规范，赋予机器人类智慧。一条拥有聪明的中国"脑"的地铁线路由此诞生。

2018年，《需求规范》通过专家评审，被认为是国内首创，对国内其他全自动运行项目建设具有积极示范作用。

历经4年多的艰辛努力，2020年5月31日，首列无驾驶室的全自动驾驶地铁列车下线，代表了国内先进智能列车的工业化、信息化、智慧化水平。

党的二十大报告为交通强国、数字中国建设擘画了蓝图，这令铁四院设计团队信心倍增，开始研究更"聪明"的地铁"大脑"。

"聪明"地铁的标准是什么？未来地铁还会怎样"聪明"？中国的铁路工程技术人员，正在不断探索……

实验十五 | 二端口网络的研究

一、预习思考题

（1）试述双口网络同时测量法与分别测量法的测量步骤、优缺点及其适用情况。

（2）本实验方法可否用于交流双口网络的测定？

二、实验目的

（1）加深理解二端口网络的基本理论。

（2）掌握直流二端口网络传输参数的测量技术。

三、实验原理

对于任何一个线性网络，我们所探究的往往只是输入端口和输出端口的电压和电流之间的相互关系，并通过实验测定方法求取一个极其简单的等值二端口电路来替代原网络，此即为"黑盒理论"的基本内容。

（1）一个二端口网络两端口的电压和电流四个变量之间的关系，可以用多种形式的参数方程来表示。本实验采用输出口的电压 U_2 和电流 I_2 作为自变量，以输入口的电压 U_1 和电流 I_1 作为因变量，所得的方程称为二端口网络的传输方程，如图 3.15.1 所示的无源线性二端口网络（又称为四端网络）的传输方程为：

$$U_1 = AU_2 + BI_2 ; \quad I_1 = CU_2 + DI_2 。$$

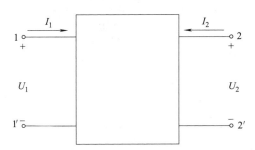

图 3.15.1　二端口网络模型

式中的 A、B、C、D 为二端口网络的传输参数，其值完全取决于网络的拓扑结构及各支路元件的参数值。这四个参数表征了该二端口网络的基本特性，它们的含义是：

$A = U_{10}/U_{20}$　（令 $I_2 = 0$，即输出口开路时）；

$B = U_{1s}/I_{2s}$　（令 $U_2 = 0$，即输出口短路时）；

$C = I_{10}/U_{20}$　（令 $I_2 = 0$，即输出口开路时）；

$D = I_{1s}/I_{2s}$　（令 $U_2 = 0$，即输出口短路时）。

同时测量两个端口的电压和电流，即可求出 A、B、C、D 四个参数，此即为双端口同时测量法。

（2）若要测量一条远距离输电线构成的二端口网络，采用同时测量法就很不方便。这时可采用分别测量法，即先在输入口加电压，而将输出口开路和短路，在输入口测量电压和电流，由传输方程可得：

$R_{10} = U_{10}/I_{10} = A/C$　（令 $I_2 = 0$，即输出口开路时）；

$R_{1s} = U_{1s}/I_{1s} = C/B$　（令 $U_2 = 0$，即输出口短路时）。

然后在输出口加电压，而将输入口开路和短路，测量输出口的电压和电流，则可得：

$R_{20} = U_{20}/I_{20} = D/C$　（令 $I_1 = 0$，即输入口开路时）；

$R_{2s} = U_{2s}/I_{2s} = B/A$　（令 $U_1 = 0$，即输入口短路时）。

R_{10}、R_{1s}、R_{20}、R_{2s} 分别表示一个端口开路和短路时另一端口的等效输入电阻，这四个参数中只有三个是独立的，$R_{10}/R_{20} = R_{1s}/R_{2s} = A/D$，即 $AD - BC = 1$。至此，可求出四个传输参数：$A = \sqrt{R_{10}/(R_{20} - R_{2s})}$，$B = R_{2s}A$，$C = A/R_{10}$，$D = R_{20}C$。

（3）二端口网络级联后的等效二端口网络的传输参数亦可采用前述的方法之一求得。从理论推得两个二端口网络级联后的传输参数与每一个参加级联的二端口网络的传输参数之间有如下的关系：$A = A_1A_2 + B_1C_2$，$B = A_1B_2 + B_1D_2$，$C = C_1A_2 + D_1C_2$，$D = C_1B_2 + D_1D_2$。

四、实验设备

实验十五所用设备如表 3.15.1 所示。

表 3.15.1　实验设备

序号	名　称	型号与规格	数量	备注
1	可调直流稳压电源	0～30V	1	实验台上
2	直流电压表	0～300V	1	实验台上
3	直流电流表	0～2A	1	实验台上
4	二端口网络实验电路板		1	HE-12

五、实验内容

二端口网络实验电路如图 3.15.2 所示，可使用 HE-12 实验箱的"二端口网络/互易定理"电路。将直流稳压电源的输出电压调到 10V，作为二端口网络的输入电压。

（1）同时测量法分别测定两个二端口网络的传输参数 A_1、B_1、C_1、D_1 和 A_2、B_2、C_2、D_2，将测量数据记录于表 3.15.2 中，并列出它们的传输方程。

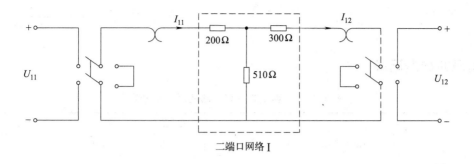

二端口网络 I

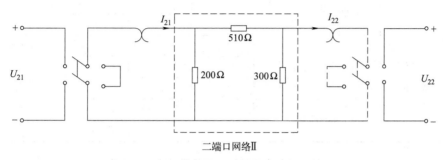

二端口网络 II

图 3.15.2　二端口网络实验电路图

（2）将两个二端口网络级联，即将网络 I 的输出端接至网络 II 的输入端。用两端口分别测量法测量级联后等效二端口网络的传输参数 A、B、C、D，将测量数据记录于表 3.15.3 中，并验证等效二端口网络传输参数与级联的两个二端口网络传输参数之间的关系。（总输入端或总输出端所加的电压仍为 10V。）

六、注意事项

（1）用电流插头插座测量电流时，要注意判别电流表的极性及选取适合的量程（根据所给的电路参数，估算电流表量程）。

（2）实验中，如果测得的 I 或 U 为负值，则计算传输参数时取其绝对值。

姓名：_____　　学号：_____　　班级：_____

实验原始数据记录

表 3.15.2　两个二端口网络的测量数据表

		测量值			计算值
二端口网络 Ⅰ	输出端开路 $I_{12}=0$	U_{110}/V	U_{120}/V	I_{110}/mA	$A_1=$
					$B_1=$
	输出端短路 $U_{12}=0$	U_{11S}/V	I_{11S}/mA	I_{12S}/mA	$C_1=$
					$D_1=$
		测量值			计算值
二端口网络 Ⅱ	输出端开路 $I_{22}=0$	U_{210}/V	U_{220}/V	I_{210}/mA	$A_2=$
					$B_2=$
	输出端短路 $U_{22}=0$	U_{21S}/V	I_{21S}/mA	I_{22S}/mA	$C_2=$
					$D_2=$

表 3.15.3　两个二端口网络级联后的测量数据表

输出端开路 $I_2=0$			输出端短路 $U_2=0$			计算传输参数
U_{10}/V	I_{10}/mA	$R_{10}/k\Omega$	U_{1S}/V	I_{1S}/mA	$R_{1S}/k\Omega$	$A=$
输入端开路 $I_1=0$			输入端短路 $U_1=0$			$B=$
U_{20}/V	I_{20}/mA	$R_{20}/k\Omega$	U_{2S}/V	I_{2S}/mA	$R_{2S}/k\Omega$	$C=$ $D=$

课堂思考题

1. 完成对数据表格的测量和计算任务。

2. 列写参数方程。

3. 验证级联后等效二端口网络的传输参数与级联的两个二端口网络传输参数之间的关系。

4. 总结、归纳二端口网络的测试技术。

5. 写出实验心得及体会。

实验十六 | 万用表设计、安装及使用

万用表是一种多功能、多量程、便于携带的电子仪表。它可以用来测量直流电流、电压，交流电流、电压，电阻，音频电平和晶体管直流放大倍数等物理量。它不仅可以测量多种物理量，而且每种被测量又可以有几个测量范围（量程）。万用表具有用途多、量程广、使用方便等优点，是电子测量中最常用的工具。

目前常见的万用表根据其工作原理不同可以分为模拟式（或指针式）和数字式万用表两种。模拟式万用表由磁电式测量机构作为核心，用指针显示被测量数值；数字式万用表由数字电压表作为核心，配以不同转换器，用液晶显示器显示被测量数值。本实验研究模拟式万用表的原理、设计、安装和使用，实验中的万用表皆为模拟式万用表。

万用表由表头、测量线路、转换开关以及测试表笔等组成。表头用来指示被测量的数值；测量线路用来把各种被测量转换为适合表头测量的直流微小电流或者电压；转换开关用来根据不同测量线路实现不同量程的选择，以适合各种被测量的要求。

一、实验目的

本实验属于设计型实验，实验者可充分利用所学的直流电路的知识及其他综合知识来设计实验并动手组装和焊接一只万用表。

实验的主要目的是：

（1）了解万用表的内部结构及工作原理；

（2）熟练掌握万用表的组装及焊接工艺；

（3）培养和锻炼综合设计能力。

二、万用表原理及设计方案

万用表的原理和设计主要基于直流电路的有关基本定律和定理。

万用表主要由直流电流表头、电阻、整流二极管、波段开关和电池等组装而成。

1. 表头

指针式万用表是以表头为核心部件的多功能测量仪表，测量值由表头指针指示读取。万用表共用一个表头，电压、电流和电阻的测量值都要由此表头读出。通常选用一种灵敏度较高的"直流电流表"作为万用表的表头。

万用表的表头面板结构如图 3.16.1 所示。它是一支直流电流表，只有给万用表通上直流电时，指针才会偏转，指针偏转角度的大小和通过的电流的大小成正比，本实验所使用的是 $100\mu A$ 的表头，当通过表头的电流为 $100\mu A$ 时，该表头的指针转到标尺刻

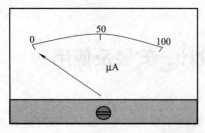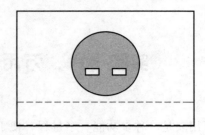

图 3.16.1　万用表的表头面板结构图（正/背面）

度的最右端，即指针指到满刻度。如果表中通过的电流只有满刻度的一半，那么指针就停留在表头面盘的正中间（即刻度为 50 的位置）。

注意：

（1）"0-100μA" 的表头，通过的电流不允许超过 100μA，否则指针会因摆动过度而撞弯曲，如果通过的电流超过满量程太多，表头内部的线圈将被烧断。

（2）表头在使用时，正、负极性不能接反，接反了指针就会向相反的方向偏转，不能指示出被测量值。表头的背后，有两个接线柱，上面注有"＋"号和"－"号，这就是表头的"正"端和"负"端。

（3）由于表头内部有线圈，线圈本身有一定的电阻值，因此表头内部有内阻，表头内阻为 2200Ω（2.2kΩ），用 R_g 表示。

2．直流电流表扩大量程的设计原理

（1）设计原理。用此表头测量电流时，量程不能大于 100μA，但在实际测量中经常遇到远远大于 100μA 的电流，如何用这块表头来测量呢？方法就是在表头上并联一定参数的分流电阻，使通过表头的电流不超过 100μA，剩余的电流通过并联电阻支路，从而达到扩大万用表量程的目的，并联的分流电阻也叫做分流器，如图 3.16.2 所示。

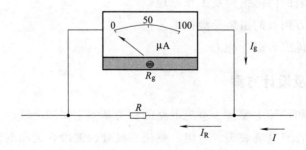

图 3.16.2　扩大万用表量程的原理图

并联电阻 R 值的确定，需根据并联电路的特点求出。因为并联电阻的两端电压相等，所以：

$$I_g \cdot R_g = I_R \cdot R \qquad\qquad 式（3.16.1）$$

总电流等于各个并联支路电流之和：

$$I = I_g + I_R \qquad\qquad 式（3.16.2）$$

将式（3.16.2）代入式（3.16.1），得：

$$I_g \cdot R_g = (I - I_g)R \qquad\qquad 式（3.16.3）$$

$$R = \frac{I_g R_g}{I - I_g} = \frac{R_g}{K_I - 1} \qquad\qquad 式（3.16.4）$$

其中，$K_I = \dfrac{I}{I_g}$，K_I 称为电流量程扩大倍数，可根据需要设定。

例如：当测量 $I = 500\mu A$ 时，$K_I = 500/100 = 5$，量程需要扩大 5 倍，已知 $R_g = 2200\Omega$，需要分流器的阻值由式（16-4）计算得出 $R = \dfrac{2200}{5-1} = 550\Omega$。

（2）多个电流量程的设计。万用表的直流电流挡是多量程的，只要转动波段开关的位置，就可以改变它的量程。实现这一功能，需要较复杂的分流器，即环形分流器。环形分流器的电路结构如图 3.16.3 所示，由多个电阻串联组成，再与表头并联，达到分流和多个量程的目的。需要设计几个电流量程，就必须有几个电阻串联。

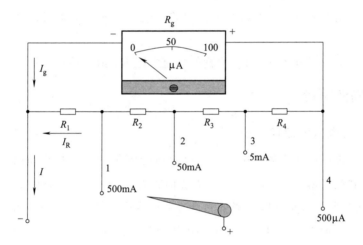

图 3.16.3　环形分流器电路结构图

图 3.16.3 中，1、2、3、4 挡的量程分别为：500mA、50mA、5mA 和 $500\mu A$。分流电阻 R_1、R_2、R_3、R_4 的阻值计算如下：

① 当波段开关在"4"位置时，量程为 $500\mu A$（0.5mA），外接并联电阻。

$R_1 + R_2 + R_3 + R_4 = R_{1234} = 550\Omega$，此种情况在前面已计算过。

② 当波段开关在"1"位置时，量程为 500mA，这时 R_1 的阻值可根据并联电路支路的端电压相等的特点计算，求出 R_1，即：

$$I_g(R_g + R_2 + R_3 + R_4) = I_R R_1$$

又因：

$$I_R = I - I_g，$$

代入上式：

$$I_g[(R_g + (R_{1234} - R_1)] = (I - I_g)R_1$$

$$R_g + R_{1234} - R_1 = \frac{(I - I_g)}{I_g} R_1 = K_I R_1 - R_1$$

$$R_g + R_{1234} = K_I R_1$$

求得分流电阻：

$$R_1 = \frac{R_g + R_{1234}}{K_I}$$

所以，当测量 500mA 电流时：$K_I = \frac{500\text{mA}}{0.1\text{mA}} = 5000$，得出分流电阻 $R_1 = 0.55\Omega$。

③ 同理：当测量 50mA 电流时，即波段开关在"2"位置时，$K_I = \frac{50\text{mA}}{0.1\text{mA}} = 500$，则分流电阻 $R_{12} = \frac{2200\Omega + 550\Omega}{500\Omega} = 5.5\Omega$，其中 $R_{12} = R_1 + R_2$，$R_2 = R_{12} - R_1 = 4.95\Omega$。

④ 当测量 5mA 电流时（波段开关在"3"位置），同理可求得该挡的分流电阻 R_3 的值。

同样方法可求波段开关在"4"位置的分流电阻 R_4 值，请自行计算 R_3、R_4。

三、直流电压的测量

1. 测量直流电压的原理

表头的本身也可以用来测量电压，只是它所能测量的电压很小而已，当有 I_g 流过表头，使指针满刻度偏转到 $100\mu A$ 时（表头内阻 $R_g = 2.2\text{k}\Omega$），则在表头两端就有一直流电压 V_g，这个电压就是它所能测量的直流电压的最大值，$V_g = I_g \cdot R_g$ 即 220V。

若想用它来测量更高的电压，可采用电阻分压的办法，串联一个（或多个）电阻来限制电流，使通过表头的电流不超过 $100\mu A$，如图 3.16.4 所示，这个串联的电阻（即 R_5）叫做倍压器。

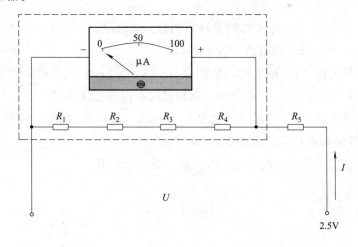

图 3.16.4　倍压器电路基本原理图

把直流表头和 R_{1234} 并联后的电路看作一个新表头（图 3.16.4 虚线框内），通过它的总电流 $I_g = 500\mu A$，新表头内阻设为 R'_g，显然 R'_g 的阻值为：

$$R'_g = R_g // R_{1234} = 440\Omega$$

2. 不同量程电压的测量

为了测量不同量程的电压，可令 $R = R_5 + R_6 + R_7 + R_8$，然后根据需要将开关拨至不同的电阻挡位即可实现不同量程的切换，如图 3.16.5 所示。

计算不同量程的倍压器阻值，根据等效电路，就可以求出不同的直流电压量程下的倍压电阻 R 的数值。

例如：当测量的直流电压为 2.5V 时，波段开关在"5"位置，$\frac{V}{I'_g} = R'_g + R_5$，即 $\frac{V}{I'_g} - R'_g = R_5$，可得 $R_5 = 4.6k\Omega$。

当测量直流电压 10V 时，波段开关在"6"位置。$R_{56} = R_5 + R_6$，即 R_{56} 为 19.6kΩ，则 $R_6 = R_{56} - R_5$，即 15kΩ。

同理可求出其他各挡，如测量 50V、250V 时 R_7、R_8 的阻值。

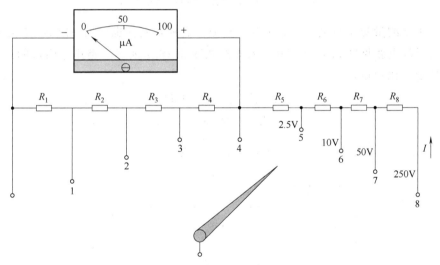

图 3.16.5　倍压器电路原理图

四、交流电压的测量

为了使用这块直流表头测量交流电，必须设法先将交流电变成直流电，然后再将直流信号引入表头进行测量。采用的方法就是在电路中接入整流电路，整流后的电流单方向流动。

直流表头加上整流器之后就能够实现变交流为直流（即整流）的目的，采用这种整流办法，负载两端的直流电压只有交流电压的 45%，即为半波整流。万用表的交流电压测量电路如图 3.16.6 所示，当右端为"＋"时，电流经电阻 R_9、二极管 D_1 进入测量装置；而当右端变为"－"时，因 D_1 的阻断作用，电路不通，但为了防止此时 D_1 承受的电压过高（其大小等于测量电压），所以加入 D_2，让电流通过 D_2 及 R_9 通路，D_2 的管压降一般只有 $0.2 \sim 0.3V$（锗二极管），从而使 D_1 所承受的电压大大降低。

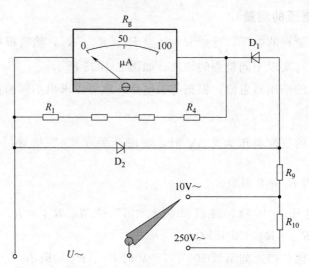

图 3.16.6   万用表的交流电压测量电路

如果用来测量交流高电压，除了要有整流器之外，同样也要加一定的倍压电阻，加倍压电阻后的电路见图 3.16.6，其等效电路如图 3.16.7 所示。倍压电阻值的计算公式可根据欧姆定律求得：

$$I(R'_g + R) = 0.45U$$

$$IR'_g + IR = 0.45U$$

$$R = 0.45 \frac{U}{I} - R'_g$$

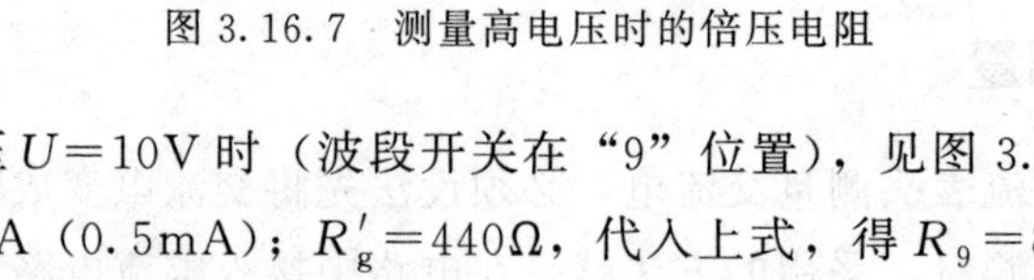

图 3.16.7   测量高电压时的倍压电阻

当测量交流电压 $U = 10V$ 时（波段开关在"9"位置），见图 3.16.6。

已知：$I = 500\mu A$（0.5mA）；$R'_g = 440\Omega$，代入上式，得 $R_9 = 8.6k\Omega$。

当测量 $U = 250V$ 时（波段开关在"10"位置）的阻值，同理可计算 R_{10} 的阻值（参见图 3.16.6）。

五、电阻测量

设计电阻挡的方法：仍然使用这块表头进行测量，要求能通过表头指针偏转角度的大小来反映未知电阻值的大小。可以采用如图 3.16.8 所示的电路，注意在测量未知电阻 R_x 时，电路中没有电压或电流，因此需外加电源（电池），当 R_x 不同时，表头中的电流大小也就不一样，通过测量 I'_g 来达到测量 R_x 的目的。

$$R'_g = \frac{E}{R'_g + R_{11} + R_x}$$

当外加电源 E 和（$R'_g + R_{11}$）一定时，I'_g 的大小就反映出了 R_x 的大小，只要表盘上刻度按 R_x 来设计就达到目的了。当 $R_x = \infty$ 时，$I'_g = 0$，因此表盘左边为 $R_x = \infty$。

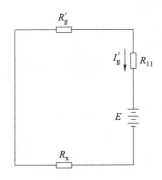

图 3.16.8　测量电阻的电路

当 $R_x = 0$ 时，$I'_g = I'_{g\max} = 0.5\text{mA}$，即它等于表头量程，否则指针就会超出刻度，可以选择一定大小的 E 和使 $R'_g = R_{11}$，所以表盘右边为 $R_x = 0$。

电路的电源用四节干电池串联，即 $E = 6\text{V}$，R'_g 为前面的计算值 440Ω，当外测电阻 $R_x = 0$ 时，要使表头指针指向右边，即 $I'_{g\max} = 500\mu\text{A}$（通过表头电流为 $100\mu\text{A}$），可求出 R_{11} 的阻值。应用欧姆定律：

$$R'_g + R_{11} = \frac{E}{I'_g}$$

万用表在使用中常常会遇到电池用久后电压下降的现象，为使万用表在电池电压下降到 80% 时，仍可正常使用，采用：

$$R'_g + R_{11} = 9.6\text{k}\Omega$$
$$R_{11} = 9.6\text{k}\Omega - R'_g = 9.16\text{k}\Omega$$

R_{11} 取 $9.1\text{k}\Omega$，即：电源的 20% 作为补偿电源，以保证电池电压下降到 80% 时，仍可准确测量。

调零方法：当电池电压有变化时，在表笔短接情况下，表针指向 $R = 0$ 的位置（见图 3.16.15）。将 R_4 电阻用一个固定电阻 165Ω 和一个 330Ω 电位器（电阻调零电位器）接入，在使用万用表的电阻挡测量之前，只要把表笔短接，调节调零电位器，就可以使表头指针偏转至 0Ω。

当电池电压下降后，将两笔短接，表头指针不在零位置。而当 $R_x = R'_g + R_{11}$ 时，

$$I'_g = \frac{E}{2(R'_g + R_{11})} = \frac{1}{2}I'_{gmax}，\text{指针在表盘正中，称为中心值。}$$

电阻量程的变换往往采用改变它的中心值电阻的方法来实现。

注意：

（1）电阻读数的方向和电流、电压的读数方向是不相同的，表盘右边为 $R_x = 0$。

（2）电阻 R_4 由两部分组成，$R_4 = R_{4-1} + R_{4-2}$，$R_{4-1} = 165\Omega$，$R_{4-2} = 330\Omega$（R_{4-2} 为电位器）。

六、万用表的安装及性能测试

1. 焊接万用表的各种元器件

本实验中，万用表由表头、电阻、可变电阻、电池、电池架和波段开关等元器件组装和焊接而成。

（1）表头：直流电流表，量程为 $100\mu A$，表头内阻为 $2.2k\Omega$ 或 $2k\Omega$，极性为 "＋" 端流入电流，"－" 端流出电流。

（2）电阻：11 个固定电阻，可自行计算各电阻阻值或参考本书给出的阻值。

（3）可变电阻：电位器（可变阻值），两固定端电阻值为 330Ω，中间抽头为活动量，功率为 1W。

（4）电池：5 号电池，中心碳棒为 "＋" 极，外皮为负极，电池串联连接。

（5）电池架：红线定为电池组的 "＋" 极端，蓝线定为电池组的 "－" 极端。

（6）波段开关：有三层，每层结构相同，有 11 个挡位，故称为三刀 11 掷波段开关，旋转时，三层同时转动。每层结构如图 3.16.9 所示，长固定片永远和滑动环接触，转动旋钮，使滑动环凸出部分和各短固定片分别接触，构成所要求的测量电路。例如：直流电流 0.5mA 挡，波段开关位置 "4"（万用表电路结构如图 3.16.10）。

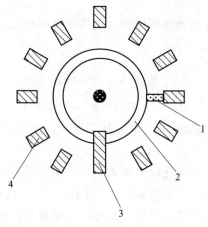

图 3.16.9　三刀 11 掷波段开关

1—滑动环凸出部分；2—滑动环；3—长固定片；4—短固定片

2. 电路构成

万用表的电路结构如图 3.16.10 所示。从正极到负极顺序为：

正极（＋）→长固定片→滑动环→短固定片→

$$\rightarrow \begin{bmatrix} 电流表"＋"\rightarrow 电流表"－" \\ 电位器 A 端\rightarrow 电位器 B 端\rightarrow R_4 \rightarrow R_3 \rightarrow R_2 \rightarrow R_1 \end{bmatrix} \rightarrow 表笔插头\rightarrow 负极（一）$$

波段开关主要用上面一层，第二、三层的短固定片作为一些电阻等元件连接的中间固定点，各元件之间不允许悬空连接。

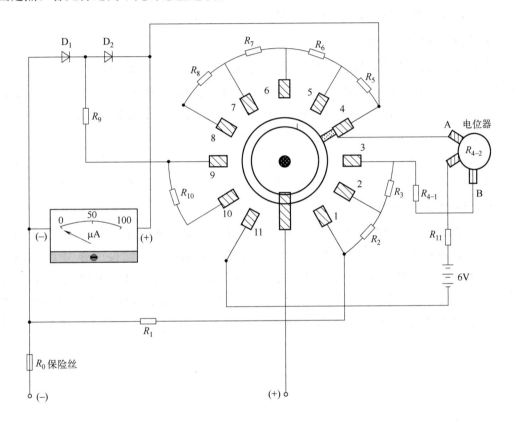

图 3.16.10　万用表的电路结构图

3. 看图了解电路的接线

（1）查看电路图可从电源的"＋"端开始，经过电流流过路径，回到电源"一"端。

（2）按四个测量项目，将波段开关分别放在"4""8""10"和"11"四个位置，将结构图和原理图配合起来进行看图练习。

（3）把图看清楚后，对照结构图将波段开关（实物）的短固定片（掷）对应的标号找出并记住标号以便对号焊接，注意标号的顺序是由长固定片右侧开始，逆时针方向排序。

4. 焊接

（1）按四个测量项目顺序：直流电流挡、直流电压挡、交流电压挡和电阻挡进行焊接，每焊完一个项目应检查一次，查电阻值、各电阻焊接的号位、线路。

（2）焊接时先在元件和焊片上涂少量焊油，再镀上焊锡，然后焊接在一起，使用焊油尽量少，焊点要光滑，不要堆很多焊锡。焊接二极管的时间要短，焊点要牢靠，每次焊好要稍等其冷却凝固，再试拉一下，确认焊接牢固，防止虚焊。

（3）共需要 11 个电阻，其中 R_{4-1}、R_1、R_9 需要竖立着焊接，即焊在两层之间。

（4）两个二极管 D_1、D_2 的极性不要焊错。

5. 电阻值（取标称值）

若使用 2.2kΩ 表头，推荐使用的各电阻参数为（注意 R_4 由两部分组成）：$R_1 = 0.5Ω$、$R_2 = 5.1Ω$、$R_3 = 51Ω$、$R_4 = 160Ω + 330Ω$ 电位器、$R_5 = 4.7kΩ$、$R_6 = 15kΩ$、$R_7 = 82kΩ$、$R_8 = 390kΩ$、$R_9 = 8.2kΩ$、$R_{10} = 220kΩ$、$R_{11} = 9.1kΩ$。

若使用 2kΩ 的表头，则各个电阻的参数为：

$R_1 = 0.5Ω$、$R_2 = 4.5Ω$、$R_3 = 45Ω$、$R_4 = 120Ω + 330Ω$ 电位器、$R_5 = 4.7kΩ$、$R_6 = 15kΩ$、$R_7 = 82kΩ$、$R_8 = 390kΩ$、$R_9 = 8.2kΩ$、$R_{10} = 220kΩ$、$R_{11} = 9.1kΩ$。

6. 性能测试（只测量准确度）

万用表安装完毕以后，要对万用表的性能进行测试。通常需要准确度等级较高的指示仪表作为标准表，两表同时去测同一个量 A，根据两个表测得的若干个点数据，绘出其误差曲线（见图 3.16.11，其中：$Δ = A_{万用表} - A_{标准表}$，A 为被测量的值）。计算出万用表各个量程的最大引用误差 γ_{amax}，大致估计其应属于哪个准确度等级（由于标准表的准确度等级差异及测试环境不一等因素的影响，故只能做出粗略的估计）。

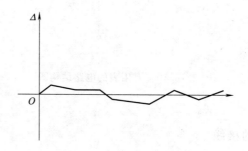

图 3.16.11 误差曲线

本实验选取具有代表性的几个量程进行测试。

（1）直流电流 5mA 挡。测试线路见图 3.16.12，其中用 500Ω 的滑动变阻器 R_a 接成分压器的形式，$R_b = 3.3kΩ$，稳压电源给出合适的电压（18V 左右）。

（2）直流电压 10V 挡。测试线路如图 3.16.13 所示。

（3）交流电压 250V 挡。测试线路见图 3.16.14。

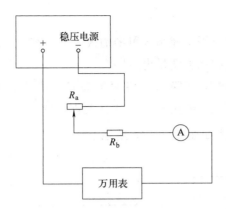

图 3.16.12　直流电流挡测试电路

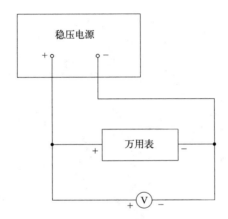

图 3.16.13　直流电压挡的测试电路

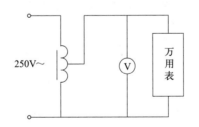

图 3.16.14　交流电压挡测试线路

（4）电阻 R×1k 挡。用万用表 R×1k 挡去测标准电阻箱的阻值，标准电阻箱的指示值作为标准值。

7. 使用注意事项

使用时应注意正确选择测量项目和被测量的范围，它是通过转动旋转波段开关来实现的。

8. 思考题

（1）能用小量程的挡位测量超量程范围的被测量吗？

（2）能用电流挡和电阻挡去测量电压吗？

（3）当万用表电池电压下降后，将两笔短接，表头指针不在零位置（参见图 3.16.15），电位器可动端应向哪边调（向 A 还是向 B）？

9. 附图：万用表原理如图 3.16.15 所示。

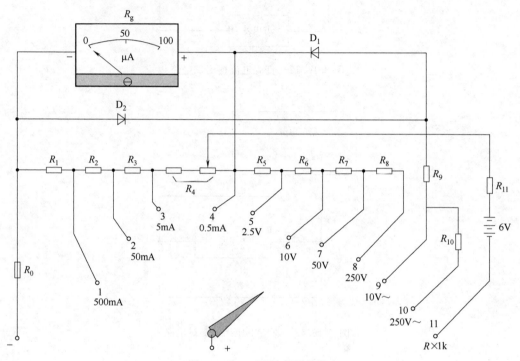

图 3.16.15　万用表原理图

思政故事："时代楷模"——刘永坦院士

刘永坦，男，汉族，1936年12月出生，中共党员，江苏南京人，中国科学院、中国工程院院士，哈尔滨工业大学教授，中国雷达与信号处理技术专家，我国对海探测新体制雷达理论的奠基人，对海远程探测技术跨越发展的引领者。

刘永坦院士扎根龙江六十载，一生只做一件事，一辈子推动国家对海探测领域前瞻布局，带出了一支敢打硬仗、能打胜仗的"雷达铁军"，实现对海探测新体制理论、技术的重大突破。在成功研制出我国第一部对海探测新体制雷达的基础上，陆续攻克制约新体制雷达性能发挥的一系列国际性技术难题，使我国新体制雷达核心技术"领跑"世界，实现了我国对海探测能力的跨越式发展，铸就了捍卫国家领土主权的海防重器，使我国成为了世界上极少数拥有新体制远距离雷达这一核心技术的国家，为我国建设海洋强国作出了卓著贡献。

刘永坦院士先后两度荣获国家科学技术进步奖一等奖，2018年获得国家最高科学技术奖，2019年被评为"最美奋斗者"，2021年被授予"全国优秀共产党员"，入选"3个100杰出人物"，2021年被授予"时代楷模"称号。这位皓首雄心的老党员，用一个甲子的无悔坚守，向深爱的党、祖国和人民交出了一份满意答卷，彰显了深厚的龙江情怀和家国精神。

参 考 文 献

［1］　赵广林，柳翠丽，梁芳. 全彩图解电子元器件识别与检测. 北京:电子工业出版社，2015.

［2］　朱晓明，王玉皞，付世勇，等. 硬件十万个为什么（无源器件篇）. 北京:北京大学出版社，2021.

［3］　陈晓平，温军玲. 电路实验与仿真设计教程. 南京:东南大学出版社，2005.

［4］　韩守梅，刘蕴络. 电工电子技术实验教程. 北京：兵器工业出版社，2006.

［5］　邱关源. 电路. 4 版. 北京:高等教育出版社，2004.

［6］　钟文耀，段玉生，何丽静. EWB 电路设计入门与应用. 北京:清华大学出版社，2000.